Spiritual Culture
青心文化

在阅读中疗愈 · 在疗愈中成长

READING & HEALING & GROWING

开启你的真实力量

扫码关注，回复书名，聆听专业音频讲解，
洞察全新的伴侣关系！

伴侣关系

适用于所有关系的疗愈新起点

Spiritual Partnership
The Journey to Authentic Power

〔美〕盖瑞·祖卡夫（Gary Zukav）｜著

蔡孟璇｜译

中国青年出版社

目　录

推荐序

开启你的真实力量

张德芬

每个人的怕与爱是不同的。

在我们生命历程的这场课业中，家人、朋友、同事和伴侣会在这条道路上扮演着不同的角色，因由关系的起承转合，我们的内在会感受到愤怒、恐惧、害怕、担忧等情绪。于是，在人际交往上，人们企图通过控制他人的行为和事件发展来维护自己的安全感；在生活、工作中，人们无论追求名利、相貌、钱财、口碑还是惊艳众人的才华，都是一种借由外在力量来达成价值感的方式，它也许能带来短暂的效果，但是却携带着长久的漏洞。

这种虚假与脆弱迟早会带来内在深处的不满足，于是人们追问，还有别的出路吗？

每个人都等待着一些改变，但是有些改变，必须通过自己的选择才会发生。

大部分人的生命经验和学习感受都是自发的，这种自性似乎是一种天然的开启和未经确认的安排——不知不觉间，很多关系就建立了，很多痛苦也相应产生。那怎么应对呢？砍断重练吧！人们借由结束一段关系，开始一段新的关系；借由结束一份工作，开始一份新的工作，等等。这些看似是积极面对，实则并没有产生根本性改变的行动，周而复始地经历着相似的困扰。

这类人大多依循五感生活，对因果创造的规则模棱两可。他们常常经验到的是：莫名其妙地，土地里就长出了番茄。而下次他认为番茄要结果的时候，发现怎么又变成了苹果！

对这类人来说，这个世界熟悉又陌生，危险又可爱，似乎在底层运作着若隐若现但随时又会断裂的逻辑关系。

还有一部分人，他们正在超越五感带来的对世界的定义，以另一种思维方式来看待自己的人生。他们会有意识地作选择，并且管理自己的意图所带来的结果，他们深知"所见之外的事物，比眼前所见更为重要"。

因此，这样的人会在人际关系中经历全然不同的体验，同时创造一种灵性伴侣关系，他们借由这样的关系获得真实的生命体验，滋养内在最深的成长渴望；他们能够面对所有负面情绪背后深深的无力感，并且停止通过改变外在世界来填充对这份无力感的逃避。

最终，他们从"镜中人"变成"镜外人"。

内在源头的改变、每个人的意愿和选择，会带来全新的伴侣关系。家人、朋友、同事、爱人——他们可能还是他们，但是隐藏在关系中的力量却改变了。

《伴侣关系》提供给我们一个全新的视野，带我们去了解爱的宇宙法则，探索灵性伴侣关系的动能，并且洞悉"承诺、勇气、慈悲以及有意识地沟通与行动"在开启真实力量的过程中是多么重要。

这将是全新的伴侣关系，也将是全新的你与你自己的关系。真实的创造力就隐藏在其中。

自序

一种新的可能性正在发生

从被感官知觉掌控，到向内观照的灵性成长，这是一本谈论"改变"的书，一场可能发生与想象的最大规模的改变——这个改变比火的发现、轮子的发明、文化的起源、宗教的诞生、国家的兴起，以及科学的影响力都更重大——以致在它之后或当它发生时会发生什么事，根本难以预测。

这是一本谈论"可能性"的书。短短几年前仍超乎我们能力或想象力的经验、洞见与动机，现在正在吸引我们、召唤我们前往新的目的地，创造更多全新的可能性。这一切是如此新颖与新鲜，好比一张等待着写下字迹的白纸、一张邀请第一道画笔落下的画布。过去，有一些人曾瞥见过，并偶尔探索过这些全新的可能性；但是现在，每一个人都开始看见或感觉到它们了。我们已经跨越了一道门槛，已经没有回头路，也绝无可能再回头了。

这是一本谈论"力量"的书。旧式的力量，即操弄与控制的能力，如今徒然增添了暴力与毁灭。这真是令人惊讶啊！因为旧式的力量让我们与我们的祖先得以生存下来，好比一剂良药突然变成有害的，而它现在已是有毒的了。我们过去必须服用它才能活命，现在我们却必须避开它才能保持健康。一种新形态的力量——真实的力量，已经变成新的良药，我们需要它才能得到健康，获得滋养，变得健全。

我们过去难以想象的改变、可能性与力量，正在重新塑造整个人类经验。新的价值观、目标与意图如雨后春笋在世界各地兴起，并成长迅速，而且大凡它发展之处，美好都随之来临。随之而来的还有成片的花海与广袤的森林，一个崭新而不可思议的世界，正在以一种前所未见、令人惊异的方式逐渐成形。我们都是一所新学校的学生、一个新领域的探险家、全新人类经验的先锋。

这个人类经验前所未见的蜕变，包含了两个部分，我们可以将它们称为"过程A"与"过程B"。过程A可说是自动发生的，没有人必须做任何事来促成过程A的发生。过程A正发生在数百万人身上，而很快地，过程A将会发生在所有人类身上。过程B则是截然不同的一回事了，它有赖于选择。确切地说，你必须做出选择以让过程B发生，否则它便不会发生在你身上。即使他人选择了让过程B发生在他们身上，过程B也不会发生在你身上，除非你选择了让它发生。简言之，①过程A发生在每一个人身上，或者迟早会如此，

你或任何人都对它束手无策。②过程 B 只会发生在选择让它
展现在自己身上的人，并且他们也无法让它展现在其他任何
人身上。

让我们赋予过程 A 与过程 B 一个名称吧！过程 A 就是
人类知觉的扩展，它会扩展至超越我们视觉、听觉、味觉、
触觉或嗅觉所能及的范围。这是非常重大的一件事。过程 A
就是让你亲自去看见，这世界远比你所认为的更广大，而且
是远远超出许多，同时它也和你所能想象的非常不同。在过
程 A 发生之前，你对世界的观感仍局限于你的五官感觉告
诉你的一切，而过程 B 发生之后，你的五官感觉仍会持续告
诉你关于这世界的一切，但是除此之外，你的经验将会更丰
富。这种"丰富"，有时很难向那些尚未体验过过程 A 的人
形容，但其实已经有数百万人体验过过程 A 了，或正在体验
它而不自觉。

过程 A 能让你知道一些五官感觉无法告诉你的、关于他
人的事，例如，知道你应该先检查车子的刹车才能上路等诸
如此类的事情。换句话说，过程 A 大量涉及直觉。过程 A 也
能让你对自己拥有全新的体验，例如，体验到自己并非仅止
于这副身心，它为你揭示出生命是有意义的，而且如同水召
唤一个口渴的人，它则召唤你活出你的意义。过程 A 让你通
过意料之外的方式接触到意义，例如，拥有万事万物皆完美
的短暂体验。过程 A 让你能从一个非个人的观点来观看，从

那样的视角而言，你的一切经验，即使是最痛苦的体验，都有助于你以及周遭人的心性发展。它们提供了你确切需要的东西供你培养力量、慈悲与智慧，让你能够贡献与生俱来的天赋。

过程 A 是一种扩大的觉察力，其中不仅包括了五官的知觉系统，也包括了察觉真实而无形之理智、慈悲与智能的第二个系统。这个系统让你能以许多方式体验无形界[①]，包括刚才提到的种种。过程 A 是一种多官知觉，这是当前在人类物种之间兴起的人类意识的伟大蜕变。不出几个世代，所有的人类都将是"多官人"，他们不但能体验到空间、时间、物质与二元性的领域，也就是自人类起源以来大多数人的所有体验，同时也能体验到影响着我们、也受我们影响的无形领域及其动能。

从内在源头改变，获得真实力量

这引领我们来到了过程 B。过程 B 将伴随过程 A 而来的新潜能带入你的生命中。多官知觉（过程 A）改变了你的知觉，但是并未改变你。它为你显示你过去看不见的事物，但是不会促使你使用这些新知识。它阐明了你过去无法看见的动能，一种能用以改变生命、带来长久帮助的动能，但是它不会要求你运用它。它为你揭示出你的创造力，但却无法使你以智慧去创造。

　　相反，你将会一如以往地以旧有的方式创造，直到你做出另外的选择。举例来说，如果你生气了，过程A（多官知觉）并无法让你变得不太生气，也不会为你创造出不同的结果，满怀愤怒的行动所创造的结果将和过去一模一样。人们依然会远离你，依然会受到你的威吓，依然会拒绝被你伤害，你也依然会受到孤立、感到孤独，渴望一段有意义的关系，而且依旧满怀愤懑。

　　过程B是在你自己的内在体验，并且改变痛苦情绪（例如，愤怒、嫉妒、复仇心态等）、执迷不放的念头（例如，评断他人或自己、渴望有某人或某件事来改变你的生命等）、强迫性的行径（例如，工作狂、完美主义等），以及上瘾行为（例如，暴饮暴食、抽烟、饮酒、嗑药、看色情影片或刊物、赌博等）的内在源头；它也是在你内在体验并培养使你愉悦的情绪（例如，感恩、满足、欣赏、对生命感到敬畏等）的内在因素。简言之，过程B是创造那正在呼唤你的、充实且充满喜悦的生活。这需要努力。但是选择过程B，几乎能立刻在你生活中产生效果；换句话说，选择过程B，能在很短的时间内从根本上改变你的生命。这不代表你第一次或第二次进行过程B的时候，就会彻头彻尾换了一个人，过程B并不是那么简单或轻松。然而，你在进行过程B时所做的每一个改变，皆具有根本上的蜕变效果。第一个改变是根本上的蜕变，无论它看似多么微小；第二个改变也是根本上的转变，依此类推。过程 B 会渐次增强，随着你每一次的选择而发生，而你所做的每一个选择都将你推进至一个全新的方向，朝一个崭新且健康的目标迈进，亦即让你发展出一种人格，这种人格让你经历到的是如此焕然一新的非凡体验，以致你永远无法预见那是些什么样的体验。

过程 B 要求你在每一刻都审慎选择一种能创造出喜悦与创造性结果的言行，即使痛苦又狂暴的情绪朝你席卷而来，亦能坚持。过程 B 借以改变你生命的是你自身的意志力量，加上觉知的引导，以及你有意识选择的意图，并由宇宙间的慈悲与智慧提供协助，而且你会切身体会到这份慈悲与智慧的意义。这种蜕变不只是那种迈向更美好或更健康生活的转变，它是一种朝向你内在最高层次、最高贵、健康而且真实的那一部分的蜕变——那就是你的灵魂。

换句话说，过程 B 是找出并且改变你人格中与灵魂的意图不符的所有部分，找出并且培养你人格中所有与灵魂的意图相符的部分。你的灵魂想要和谐、合作、分享，并对生命怀抱敬意。每一次，你带着这其中一种意图而创造，你就会创造出真实力量，创造一个拥有满足、感恩、活力、创造力与喜悦的生活。过程 B 就是创造真实力量。

如果过程 A（多官知觉）不是在每一个人身上发生，那么，过程 B（创造真实力量）就不可能在任何一个人身上实现。过程 B 的目的是让你的人格与灵魂达成一致，但是你的五官感觉却无法觉察到你的灵魂。灵魂对一些"五官人"来说是个有趣的概念，但是就经验上而言，那对他们毫无意义。如今数百万人正在体验着多官知觉（过程 A），他们也因此改变了自己的生命（过程 B）。你也正在体验着多官知觉，否则你便不会觉得这是本有趣或有价值的书。这些概念对那些单从五官感觉获取信息的思维来说毫无吸引力，但它们却呼唤着那些由多官知觉获取信息的内在心灵。

对于当前进行中的人类意识蜕变，多官知觉与真实力量是这场蜕变里最具代表性的两个特征。第一个特征会不费力地浮现，影响着所有的知觉，为我们揭露出经验的新面向；第二个特征则必须等待你做出承诺、发挥勇气与慈悲，并进行有意识的沟通，才能让它进入你的生命。第一个特征是一份来自宇宙的美妙礼物，而你必须自己去创造第二个特征。

多官知觉不会损害你的选择。多官知觉的人拥有追求外在力量（旧式力量形式）的自由，也有创造真实力量的自由。只不过选择追求外在力量如今徒然导致暴力与毁灭，亦即（至少）个人之间的情绪暴力与破坏行为，以及各个宗教、文化与国家之间的实质暴力与破坏行为。选择追求外在力量，没有任何弥补改善的帮助。事实上，它毫无益处可言。

踏出去，改变才可能发生

五官人通过求生存而发展，多官人通过灵性成长而进化，这个巨大的差异必须伴随着极为不同的人我关系。对那些通过创造真实力量而进化的多官人而言，新形态的关系就是"灵性伴侣关系"。灵性伴侣关系是以灵性成长为目的的平等伙伴关系，它会吸引创造真实力量的多官人，如同旧式关系会吸引追求外在力量的五官人。灵性伴侣的目的、本质与功能是不同的。灵性伴侣关系的动能及灵性伴侣所共同创造的经验是不同的。这种新形态的关系与创造真实力量的新兴多官人密不可分，一如旧式关系与追求外在力量的五官人紧密关联。

创造真实力量有赖于一份具有实质性与深度的关系，除非你有勇气投入一段深具意义且重要的关系，否则便无法在灵性上获得成长。换言之，灵性伴侣关系是过程 B 里的必要部分。每一次的相遇，都为你提供一个创造真实力量的机会，而当你遇见的对象里也包括了正在利用一己经验创造真实力量的人，那么，一段灵性伴侣关系的潜能便有机会实现。潜在的灵性伴侣关系认知到承诺、勇气、慈悲、彼此间有意识的沟通，以及行动的重要。他们会自然而然地在创造真实力量上努力支持彼此，并接受彼此的扶持。他们的旅程朝着相同的目标前进，他们认知到同行旅者的重要，并且能从彼此身上学习。如今，进化要求你创造一个能够满足人心的、喜悦的生活，也就是贡献你与生俱来的天赋，而灵性伴侣关系能带领你走进一段与志同道合者合力创造的互动关系里。

在我所有的著作，或与我的灵性伴侣琳达·弗朗西斯（Linda Francis）合作的著作当中，谈论的重点都是真实力量，只不过我当时并未意识到这点，而其中的第一本著作是《物理之舞》。这本书谈论的是量子物理学、相对论与量子逻辑，目标读者群是对科学不感兴趣的人。然而，我在著述过程中第一次拥有了一些真实力量的体验。我不知道要如何确切地指出或解释这些经验，但是我认知到，这些经验是如此不可思议，美妙无比，于是开放心胸尽情体验。这部著作连连获奖，成为一本广受好评的科普书，但是我相信许多曾阅读这本书的人与至今仍在读的人，是被物质界与意识之间的连结所吸引，那对量子理论的某些诠释来说，包括多数物理学家都会使用的诠释，是必定会探讨的议题。《物理之舞》是我第一次尝试写作，也是我对科学的初次探问，但更重要的是，它是我给予生命的第一份礼物，而我至今依然在收割生命回报予我的恩赐。

第二部著作谈论的也是真实力量，只是没有任何媒介，例如之前的科学，它主要是分享我开始撰写《物理之舞》之后与撰写该书期间对真实力量的发现。它一开始是以一套三册的理智产物问世，称为《物理与意识》。但是十年之后，它成为另一份心的礼物，亦即《新灵魂观》。有些读者期待我为《物理之舞》撰写一部谈论另一个尖端科学领域的续集，例如遗传学等，我实在不想令他们失望，但我若不分享这部优秀的著作，会觉得未尽完整，它和《物理之舞》一样，改变了我的生命，而且整个发生过程是令人不可思议的。

当时我认为自己已经明白了何谓真实力量，只是尚未了解到自己的理解并不如后来的情况那么深入，而且理解真实力量与创造真实力量完全是两码事。最后，琳达（我是在撰写《物理之舞》之后认识她的）和我合力撰写了两本书，谈论创造真实力量的两种工具（《灵魂之心：从日常觉察情绪，教你找回当下的力量》与《灵魂的心智：负责任的选择》〔 *The Mind of the Soul: Responsible Choice* 〕）。我也撰写了两本较为轻松易读的书，书中搭配了关于多官知觉与真实力量的小插图（《灵魂故事》〔 *Soul Stories* 〕与《灵魂对灵魂：从心沟通》〔 *Soul: Communications from the Heart* 〕）。但是在我心中，我一直渴望撰写另一部能以由浅入深、通谷易懂的方式，解释如何创造真实力量的著作，在书中详尽地阐释它，提供读者关于多官知觉与如何创造真实力量的具体范例与概念。

本书就是这样一本著作。《新灵魂观》与《伴侣关系》这两本书，谈的都是过程 A 与过程 B 。《新灵魂观》谈论的是进化、直觉、意图、责任、信任等，但强调的是过程 A 。它的重点在于成为多官人的绝妙经验、永存的无形导师与指导灵，以及有意识地与慈悲和智慧的宇宙结合成伙伴关系。《伴侣关系》一书谈论的也是多官知觉与真实力量，但强调的是过程 B 。它指出灵性伴侣关系的 3W1H ，即"原因"（Why）：

为什么我们需要"伴侣关系"（Part1）；"内涵"（What）：什么是"伴侣关系"（Part2）；"做法"（How）：如何创造"伴侣关系"（Part3）；以及"参与者"（Who）：谁是建立"伴侣关系"的对象（Part4）。它们同时也是创造真实力量的3W1H。灵性伴侣关系与创造真实力量，就像智慧与耐心一样密不可分。若不创造真实力量，就无法拥有灵性伴侣关系；而若缺少了灵性伴侣关系，你便无法获得心灵成长。

创造真实力量是一个过程，不是一个事件。它是你的生命目的，以及你的互动机会。真实力量是一段旅程，不是一个目的地，它是一段过去鲜少有人走过的旅途，而现在，我们所有人都必须去完成这个人类的转变——从通过求生存而发展的五官物种，过渡至通过灵性成长而进化的物种。本书就是告诉你如何创造真实力量的地图，在旅途的任何时刻，你都可以参照。要好好研读它，才能准备好应付前方可能发生的情况；好好温习，才能了解过去发生过的状况；好好练习，才能在你旅途中的当下过着喜悦的生活。

能够与你一同踏上这段旅程，我心存感激。

———————————

①无形界：与物质界相对之非物质、非形体界。

前言

彼此相伴，向内洞察的亲密新体验

人我关系的互动形态已然改变

新形态的关系是从人类的经验形成的，它会取代其他所有形态的关系，这是一个好消息。过去的关系形态是为逐渐消亡的人类物种而设计的，而全新的人类物种正在诞生，我们就是其中一分子。这个新物种有它对关系的要求，有自己的价值观，也有自己的目标。相较于那个正在消失的物种，它的潜能远远高出许多，对人类做出建设性贡献的能力也更加强大。

有数百万的人都是这个新物种的一分子，更有另外数百万的人正在成为它的一分子。这个新物种的数量逐日增加，因为拥有这些新能力的婴孩，每天都在诞生，而且有数百万的人已开始觉察到自己内在的这些能力。你就是其中之一，否则你不会受到这本书的吸引，否则"灵性"这个词对你而言将只是个概念，或是一种信仰系统，你会以诗意或哲学的角度来看待它，或对它充满了关于天堂或升至高层次经验（或被贬入低层次经验）的想象，你会在圣坛或壁炉架上放一座十字架、供奉佛像，或摆上克里希纳（Krishna）①的画像、放一颗水晶或任何能为你带来光明与灵感的图像。你会持咒念经，唱诵圣歌，享受那些和你发现相同真理的同行道友们的陪伴，从中寻求慰藉。

新形态的人类关系会将"灵性"与"宗教"分开来看待。灵性非关因袭传统、遵守戒律、实践教导或接受他人的权威，它也和建筑物无关，和穿着方式、经典以及圣典亦毫无关联，不过它的确是关乎理解并欣赏万事万物的神圣性，同时努力依此原则过生活。究竟而言，灵性非关对自己或他人的评断，它关系的是在你的内在发现，并从内在转化那些导致痛苦经验与毁灭性行为的根本因素；而且从你的内在发现，并从内在培养那些促成喜悦经验与建设性行为的本质因素。

新形态的关系、对灵性的全新理解以及全新的人类物种这三件事，是一起诞生的，也是为彼此而设计的。灵性与宗教之间的区别对旧人类来说并不明显，但是对数以百万计的人而言，这两者的差异正变得越来越显而易见。尽管如此，仍有一些困惑存在，不仅仅是因为从旧人类到新人类的转化仍在进行当中且尚未完成，也是因为有许多宗教虔诚人士同时也是灵性人士，或是相反的情况，有许多灵性人士同时也是宗教虔诚人士。这是个很重要的过渡期，旧的逐渐凋零，新的逐渐成形，在数个世代的时间里，这两者将会重叠——旧人类的影响力及其价值观会逐渐减弱，新人类及其大不相同的价值观与目标则会逐渐增强。

这个过程是不可逆的，因此，执着于旧人类形态及其目标不但完全无益，反而可能制造出痛苦的经验与后果。每天早晨为了太阳的升起而哀伤，或为了潮起潮落而苦恼，是件多么痛苦的事啊！这么做，除了制造个人的不幸之外，有任何建设性可言？人类历史上除了人类起源以外的最重大事件正在发生，无论我们是接受或拒绝、欢迎或排斥、拥抱或抗拒，我们依然是其中的一分子。一种全新的人类关系互动形态是这整个发生过程的必要部分，因此，无论我们是接受或拒绝，欢迎或摒弃，都无法忽视它，否则后果堪忧。人我关系是人类努力追求的领域中，难度最高的一项，既然人类关系的本质已经起了变化，那些忽略这种变化的人，他们的关系将会变得更加困难。

错综复杂的人际关系网络

人们有各种不同的共同目标，因此也存在着各种不同的旧式关系。商业关系和恋爱关系不一样，也和同侪之间的关系、邻居之间的关系，以及亲子关系大相径庭。你和你的修理工人的关系，不同于你的医生和他的办公室经理的关系，不过，它与你和你的会计师或修理工人之间的关系较雷同。房东与房客有他们的关系，员工与同事和老板有他们的关系，老师与学生也有他们的关系。

这些关系里的个体，努力想要达成一个共同目标。这些联系让关系里的个体有机会完成一些单靠自己无法完成的目标，例如，竞选团队、经营大企业、小区合作等，都是这类关系的产物。有一些关系相当非个人化，以致其中个体之间的连结皆互不相干，例如，指挥交通的警察和接受指挥的汽车驾驶人之间的关系。然而，所有的参与者皆共同创造了单独一人无法完成的事，这是一种顺畅的交流。有一些关系是非个人的，但是会相互欣赏与感谢，例如你和店员的关系。在其他关系里，个人之间的连结变得更为重要，例如你和姻亲的关系，尽管那些关系不一定非常亲密或具有实质性。

要达成建立一个健康家庭或相互支持地生活在一起这样的目标，就必须将更多注意力放在关系中个人之间的连结上，因为若那份连结丧失了，或流于表面化，就无法达成目标。董事会成员可能会互看不顺眼，这种事屡见不鲜；员工之间彼此竞争，这种情况也很普遍；政治盟友可能会彼此剥削，他们通常会这么做，但尽管如此，他们依然能完成共同的目标。这些关系既困难重重又令人痛苦，但是却能发挥功能。事实上，多数的关系都落入这个类别中。有无数的婚姻和同居伴侣关系都是痛苦而煎熬的，然而，其中的个人依然维持着那样的关系，因为它能提供每个伴侣都害怕失去的安全感，至少是熟悉感，而这么做能让伴侣们达成一项共同的目标。一个让伴侣能专注于创造正面连接并完成共同目标的关系，是最富挑战性的关系。

所有旧式关系的功能，姑且不论参与者之间的连结是微不足道或非常重要，都是为了操弄或控制环境（包括他人），以达成参与者的共同目标。换句话说，是为了改变外在世界，例如，选出一位市长、筹组一项运动或创立一个事业等。这类型的关系能让其中的伙伴一起购买一栋房子、生养孩子、建立家庭，让彼此不再孤单，或满足彼此在情感、心理、身体或性方面的需求等。他们的共同目标永远都是这份关系成立的理由。当目标达成，或当他们无法达成目标时，关系随即面临破裂。例如，一个竞选团队关系会在对手赢得选举之后结束，团队成员即各奔东西；一项事业若宣告失败，合作伙伴们会各奔前程，而若成功了，他们也可能会出售事业，各自发展。

因共同目标而聚拢的旧式关系，已成为一种妨碍

这个主题有无数的变化方式：婚姻里的伴侣会在了解到配偶无法或不愿意满足自己在心理、身体、情感或性方面的需求时，起诉离婚。一个人若成为素食者，他可能仿佛"重

生"一般，开始静坐，或信仰另一种宗教，而对于那些没有经历类似改变的人，他便不再追求或接受自己与他们之间的关系。任何一种让人在信仰、外貌上出现变化，或产生不同价值观、不同目标的转变，都将终结一段旧式关系，因为关系底下作为基础的共同目标已经不复存在了。无论那个共同目标是同构型所带来的安全感，例如相同的肤色、信仰或语言，或是日益增加的市场占有率、一个新的公司监事会或一个快乐的家庭等，它们都是关系成立的理由，也是让关系维持凝聚力的黏合剂。若缺乏共同目标，关系便不再具有意义，参与者彼此之间的吸引力将会消退，关系亦随之瓦解，或是会有其他更相关的人前来取而代之。

无论目标为何，它都将决定谁的吸引力足以成为潜在的伙伴，谁不能，以及谁是受欢迎的，谁是遭到排斥的。同构型是被接受的，多元性却是遭摈弃的。比方说，如果共同的目标被接受了，那么那些无法在言行举止、穿着打扮或信仰上符合该关系要求的人，就没有资格成为会员；想要一个未来能养家的伴侣的人，就不会考虑某个失业或拒绝工作的对象；一个戏剧导演不会考虑聘用一个不会演戏的人；一个需要营销总监的企业老板，也不会考虑一个缺乏这方面能力或资质的人。

共同的目标决定了关系里的参与者是谁，而那些参与者都是可取代的。一位木匠可以被另一位取代，一位竞选总监可以由另一位代替，一位义工也可以被另一位替换，而且正如许多人已经发现的，配偶当然也可以被另一位顶替。

这类型的关系是我们再熟悉不过的，因为它们随处可见，我们也不断在亲身体验着这样的关系。它们对逐渐消亡的人类物种有其作用，但是现在却再也无法给予我们支持了，因为新物种有着与旧物种截然不同的知觉与价值观。随着越来越多的人体验到新人类物种的新知觉与新价值观，我们也开始能以不同的眼光看待自己与他人、看待这个世界与生命的意义。我们与他人在一起的理由改变了，因此，我们彼此之间所创造的关系形态也随之转变。旧式关系是人类物种用来求生存、扩张一己势力至整个地球的一种手段，但是它们已经妨碍了我们的灵性成长。

迈向灵性成长的旅程

这相当重要，因为我们当前正在借着灵性成长而进化。灵性成长之于我们，犹如太阳之于植物，是绝对必要的。我们要寻找的伙伴是能让我们获得灵性成长的人，而不是让我们完成共同目标的人。求生存已经不是我们唯一的目的，我们也已经不再满足于此。我们渴望更多东西，而在我们努力寻求满足的同时，我们也重新定义了灵性、关系以及进化这些事。

旧人类、由求生存获得进化、为改变环境而设计的关系形态以及宗教等，都是由同一本质的结构所组成。它们共同孕育而成，也正一起被另一种本质的结构所取代，这种新结构将构成新人类、由灵性成长获得进化、为灵性成长而设计的关系形态，以及灵性。旧式结构正在瓦解，新式结构的轮廓则已经渐渐变得清晰、为越来越多的人所见。

灵性关乎的是灵魂，它要求你必须与人类经验中最高贵的驱策力产生共鸣，例如，和谐、合作、分享、对生命怀抱敬意等。这个目标却无法由一个人，甚或一群他人为另一个人实现，每一个人都必须为自己的灵性成长负起完全的责任。灵性是一趟迈向自我觉察与自我负责的旅程。旧式关系让参与者的注意力焦点转向外在环境与人，进而改变它们，以此帮助了旧人类生存下来。新式关系则让我们将注意力焦点转向内在那些造成痛苦经验与破坏性行为的内在原因，进而改变这些因素，也转向内在那些造成我们幸福经验与建设性行为的内在源头，进而培养这些因素。

寻求灵性成长的旧人类，会通过避居寺院道场来跳脱外在环境与人、事物的干扰，遁入隐居生活。在小密室或山洞里只身一人的静修者，俨然成为追求灵性成长的最著名象征，他们追求的是超越五官感觉的限制、超越文化习俗的束缚，进入生命中一种不为恐惧所缠扰的自由境界。然而，随着新人类的诞生，遗世独立反而造成反效果，因为它会阻碍灵性发展所必要的互动。过去，只有寥寥无几的人对灵性成长感兴趣，而且每一份关系都是围绕着共同目标而形成的；如今，却有数百万的人都深受和谐、合作、分享、对生命怀抱敬意等概念的吸引。在几个世代之内，所有的人类都将努力追求灵性成长。我们已经创造出与旧形态十分不同的关系了，而其最重要的目的便是支持我们的灵性发展。

人我关系对旧人类物种的发展是不可或缺的，对我们的进化亦同样不能缺少，只是其中的理由有着显著的差异。关系能帮助旧物种生存下来，协助我们在灵性上成长，但是随着新物种的知觉与价值观在数百万人身上出现，旧式关系也随之越来越无法满足我们了，我们对自我探索、自我觉察与如何自主，越来越感兴趣。自我实现、内在的满足、意义、目的、爱，以及为生命做出贡献的喜悦，变成了比职业生涯、生活方式与金钱更重要的优先选项。

我们发觉，为了自己的痛苦体验而怪罪他人的做法，越来越令人不满（无论我们多想这么做）。与其这样，不如从自己内在找出造成痛苦经验的原因，并且着手改变。对于我们所做的事、所说的话及其理由，我们开始认知到情绪与意图的重要性。我们在寻找自己所做的选择与体验之间的关联，以此改变自己的选择，进而改变我们的体验。我们努力成为我们想要他人成为的样子，而不是一味地努力去改变他人；同时，我们也正逐渐改变自己在家庭、工作与玩乐上的关系，将它们转变为新的形态。

　　关系正以令人惊讶的方式出现在每一个地方。这种在关系之功能、本质与经验上的转变，其规模巨大无比，而背后的原因甚至更加强大。

———————————

① 克里希纳：或译作奎师那，意思是黑天，印度教里最主要的神明之一。

Part 1

为什么我们需要"伴侣关系"？

1　新人类意识：地球学校的一门崭新课程

故事的开端

维京人初次踏上北美土地时，他们脑子里想的是掠夺，哥伦布想的则是新的贸易线路。欧洲殖民者寻找着土地与财富，他们横穿这片大陆，以武力占领自己想要的一切，凡是与他们交过手的人都成了穷人。他们成就了自己想要的目标，但是没有人预见，他们的支配欲不仅毁灭了原住民文化，也摧毁了支持着我们所有人的环境。

移民美洲者，也就是那些原本受到压迫、以鲜血和英勇作战赢得自由的人，反过来变成了压迫者，在北美洲借着武力侵门踏户、掠夺资源，有时与殖民者结盟，有时则自己进行战斗。刚开始，他们对环境的影响力很小，他们砍树、垦地、建造城市，但是无尽的森林、干净的水源、原始的草原总是不断呈现在他们眼前。

然而，情况很快出现了变化，工业革命让这片大陆的文化与地貌完全改观。电报、铁路、汽车、飞机、计算机、宇宙飞船等，一样紧接着一样，全都在两个世纪之内相继出现。移民者，来自非洲的奴隶，来自欧洲、亚洲以及后来的拉丁美洲的劳工陆续进驻，使这片土地的人口持续成长，飞速扩张，一同融合成为一个大型（后来演变为超大型）的、消耗力强大的群体，威胁着这片大陆自给自足的能力。这就是我们当前的处境。这场无止境扩张的灾难，反映的是最早期北美移民的意识状态，而我们正是他们的继承者。

这就是我所居住的土地的故事，我父母及其祖先的历史，他们以自己也不曾料想到的方式，促成了这场巨变。无论是在个人或集体层次上，他们并未审慎思考一己决定的后果，只是一味地努力达成无止境的目标，依靠的却是最早期移民进入这片大陆时的意识，也就是一种控制、支配的意图。

这也是我的地球的故事，以及许多文化与个人等大群体的故事，远在维京人进入北美洲之前，他们就已经带着相同的意识创造出同样的结果。国家、宗教、工业化，以及军事化不断出现在人类史册的书页上，将它转变为一场慢性的冲突与剥削。今天，北美人口急速扩张的毁灭性影响俨然成为一种缩影，反映出人类人口快速扩张对地球所造成的更具毁灭性的影响。换句话说，这个故事与地点和时代无关，而是与"意识"有关。

意识操控一切经验

意识，是我们体验自己与他人的方式，它包括的不只是情绪与思想。例如，我们会将某些人视为朋友、将某些人视为敌人，但是五官感觉无法告诉你，一个人是朋友还是敌人，它们只能告诉你，母亲长什么样子、听起来是什么样子、她的触感是什么样子，但是你对母亲的体验告诉你，她是朋友，而你的情绪会反映出你的体验。见到敌人或想到他们时，你会感受到痛苦的情绪；而见到或想到朋友时，你会感觉到愉悦的情绪。当你遇见某个不认识的人，你对那人的想法将会创造出你的体验，如果你认定他是朋友，你的体验就会和认定他是敌人时不一样。所有这些都是意识的一部分，但还不只是如此。

意识就像一个碗，这个碗永远是满的，有时候里面装了花朵，有时候里面装了武器，有时候里面是你朋友和你钟爱之人的照片，而有些时候它是让你饱受惊吓的体验。你的一切所见、一切想象，以及关于所见与所想象的念头，再加上你的情绪，全部装在这个碗里面。你所体验的一切，例如，你的渴望、忧虑、喜悦、失望、感激与恐惧，全都出现在这个碗里。碗的容量无限大，碗里的内容物永远在改变，不变的是这个碗。

想象你的厨房有一只永远装满了东西的碗，有时候装满了早餐谷片，有时候盛了鸡汤，有时候则是装了意大利面。有时候，这个碗装了满满的水果，然后是沙拉，接着是切好的洋葱。碗永远不会空。尽管你在碗里发现的东西一直在变，那只碗却永远保持不变。如果它装早餐谷片时是白色的圆形碗，那么它装沙拉时也会是白色圆形碗。碗和碗里的内容物是有差别的。意识就像那只碗，它能包含的体验数量可以无限多，但是无论它在里面装了什么，意识本身都不会有所改变。

我们的集体经验也是意识内容的一部分，例如，几个世纪以前，这世界似乎是平的，太阳也是绕着地球转的，每个人都同意这个看法，因为事实显然就是如此；但是，事实现在显然已经不是如此这般了。学生与学者们会研究自身经验与祖先经验的不同之处，但我们的祖先却是亲身生活在那些不同的经验里，他们真正体验着一个和我们截然不同的世界。异教信仰、希腊众神、过去2500年来的各种宗教与各式各样的著作，无一不在改变着那只碗里的内容。数学、科学、艺术、建筑以及统治权的发展，也在改变着碗里的内容，更随着它们的演化而一变再变。对于进步的概念、法治、民主、科技等则是该内容的最新变化，然后经过这些改变之后，那只碗依然恒常不变。

要生来不具意识，就像生来不具身体那样，是不可能的事。每个人都是独一无二的，无论每个人的身体和你的身体有多么不一样，都是受到认可的。即便一个身体的四肢不健全或少了一只眼睛，或形状不一样，或活动方式不同，它依然被认可为一具身体。长时间下来，身体虽看似同一具，其实在一生当中也曾数度是全新的躯体。老旧的细胞会死亡，被新细胞取代，然后再死亡、再被取代。婴儿逐渐长大成为学步的幼童、学童、成年人、老年人。柔软的骨骼与肌肉先是逐渐强壮，反应时间与耐力大幅提升，然后随着身体渐渐接近它存在的终点而变得衰弱，再次大幅改变。四肢或器官或许会消失、损伤，甚至在出生时即已不存在，但是在它的生命周期当中，无论是年轻或年老，完整或有缺陷，身体依然存在，而且每个人都明白这个道理，也都了解这件事。身体就是容器，但是容器里的内容物是变化多端的。

意识之碗就像是无论何时何地都受到认可的身体，因为它的基本形式就和其他人一样。意识也有一个无论何时何地皆相同的基本形式，无论碗里的内容物改变了多少，有些经验是永不改变的，这些经验会由每一个人所共享，无论此人出身何处、说什么语言或他的信念为何，都无关紧要。每一个具有意识的人都拥有这些经验，而既然每个人都具有意识，每个人当然也就拥有这些经验。它们并非仅限于某些文化或某些个人所独有，它们无法被忽视、被排除或被否认。这些经验不像一些明显的经验（例如，地球是平的），能被不同的明显经验（例如，地球是圆的）所取代，它们是永久性的。从出生到死亡，经过一代又一代，它们一直存在着，潜藏于其他所有经验底下，它们是所有时代、所有地点、所有人的最大公约数。它们是人类经验的核心，自人类起源以来就从未改变。

这些经验是由那只碗来决定，而不是碗里的内容物。它们为我们显示的是碗的本质，而不是碗里的东西。这是个不会变动的领域，每一个人类都对它很熟悉，因为我们就活在它里面。事实上，自第一个人类出现以来，我们一直在探索它，这就是五官感觉的领域。如果一个圆形碗装满了水，水永远不会变成方形。无论什么东西装满了这只碗（意识），它只会成为这只碗的形状，也就是我们能看见、听见、品尝、触摸、嗅闻的东西。

我们的所知所感，都受制于五官感觉

无论我们想象的或思考的是什么，都只能从五官感觉的角度来想象或思考。天空、大海、街道、山岳、朋友等，全部以五官感觉的经验呈现。冷热、大小、快慢等，也都是人五官感觉的角度表现。慷慨、残忍、仁慈、恐惧、慈爱等，唯有从五官感觉的角度来看才有意义。思想与情绪，只有从五官感觉的角度才能被理解（它们是以荷尔蒙或大脑活动之产物的形式出现）。即使是包含大量符号、不含任何符合我们想象之物的抽象数学，若非因为它能告诉我们一些我们能以五官感觉的角度来思考或描述的事情，它也是不具任何价值的。

在人类经验的历史上，除了少数几个非常著名的特例之外，皆局限于五官感觉的知觉范畴里。即使我们所思所想的是永恒与无限，也会被迫以五官感觉的观点来思考，因为我们实在无法想象任何关于永恒或无限的事，除了将它视为永远持续或无尽延伸这些千篇一律的概念之外，别无更多。我们甚至无法想象五官感觉之外的永恒是何模样。当我们思及天堂或地狱时，我们也会以五官感觉的视角来想象它们。事实上，我们除了以五官感觉的角度来思考事情之外，根本别无他种思考方式。

五官感觉与智能是并肩运作的，五官感觉提供信息，例如，某样东西是什么颜色、距离多远或多近、移动的速度多快或多慢、有多么嘈杂或安静，或一个人是挂着微笑还是板着一张脸。智能使用了这些信息，然后比较、分析、推演、下结论。在五官感觉的合作之下，它让我们完成了其他物种皆无法达到的壮举，也就是操弄并控制我们的环境。比如，我们不光是知道如何避免危险，也知道如何栽种食物、暖化屋子、发明计算机、使用网络等不胜枚举的事。自第一个人类出现以来，我们能够完成的每一件事都是拜智能所赐。许多其他的生命形式，例如和我们一样的哺乳类，虽然也同样拥有五官感觉，却没有和我们一样的智能。只有人类能建造船只、飞机、宇宙飞船、电话、牵引机、公路，以及摩天大楼。

所有这些创造物与我们对它们的想法，以及我们拥有的一切其他东西，都是意识的内容，亦即装满那只碗的东西。碗永远是以五官感觉的形状出现。有无数的经验来来去去，不断改变着容器里的内容物，但是容器永远保持不变，日复一日，年复一年，千年复千年。人类历史将五官感觉能够探知的每一件事，以及如何运用五官感觉所探知的每件事都载入年代表里，以帮助自己生存并过得更加舒适。艺术、科学、诗歌、军事征战、宗教征服、农业、哲学、道德、工程等，全都是从探索世界与我们对它的了解而来。我们对世界的经验就是五官感觉的经验，而我们对那些经验的理解就是理智的产物。

人类经验看似是动态的，并且持续在变动，但是自第一个人类出现以来，它其实并未真的有什么改变。创造我们对地球之经验的意识（地球是平的或圆的，在宇宙中央固定不动或绕着一颗较小的星球转）及所有其他的体验，打从它的起源到最近，本身都是保持不变的。

新意识的运作正在发生

现在，那只碗的形状改变了，而我们在那只碗改变之前所学习到的事物，没有一项能帮助我们，能为我们在即将初次踏上的全新领域指点迷津。一个巨大的改变正在发生，它不单是针对我们所经验之事，也包括了我们能经验之事。人类意识正在扩张至超越五官感觉限制的领域。智能无法帮助我们理解这些全新的知觉，甚至也无法将它们清楚地说明白，因为智能是设计来与五官感觉一起运作的。尽管我们无法描述或勾勒出那种全新的体验，但它们却真实不虚。

并不是每一个人都在同一时间或以同一速度在遭遇这样的全新经验。有些人是在很平凡的情况下，瞥见了过去不曾看见的意义；而对有些人来说，例如不可能发生的巧合这种不寻常的经验，却似乎再自然不过了。有些人明白他们的价值观一直在转变，或是已经改变了；另一些人则被自己所经验到的事物吓坏了，然后假装自己不曾有过这些体验。从进化的观点来看，所有这一切正非常迅速地发生。几个世代之内，人类物种里将没有一个人会受到五官感觉的局限。我们的曾孙们将无法想象有人会受到五官感觉的束缚，一如我们无法想象有人会不具有意识。

五官感觉是一个单一感知系统的各个面向。那个系统的设计是用来察觉任何物质事物的，即任何能够被看见、听见、触摸、嗅闻或品尝的东西。现在，我们每一个人将在自己的时间、以自己的方式，取得另外一种感知系统——我们正在变成"多官人"。这第二个系统将能觉察到无形的智能与慈悲、智能及其设计、目的与存在。它的知觉并不会取代我们所熟悉的五官感觉，但是会赋予它们一个新的面向，类似于色彩赋予黑白影像一个新向度一样，只是它们能提供的远非止于此。

有些人发现，他们知道一些关于其他人的事，包括陌生人，而那不是五官感觉能告诉他们的事，例如，天气如何，那个人是和善还是快乐的、遭遇过什么不幸、是否结婚或是否离异等。他们有一种直觉，例如，知道何时该在晚上避开某些街道、知道要回家把门锁好，或知道要购买某些书，之后才后悔当时没有认真看待这种直觉，或不懂得珍惜。熟悉的巧合事件似乎很正常，例如，一个朋友在我们想到他时打电话来。关心他人的人依然心系他人，没耐心的人依然缺乏耐性，同事依然爱生气或很仁慈，季节一样四季流转，婴孩出生、长者逝世……但是我们对这些事情的经验变得更加丰富、更为不同了。我们察觉到我们的生活比过去所认为的更有意义。碗的内容和过去可能出现的内容变得不一样了，因为在那只碗的存在历史里，它的形状第一次有了改变。

我们视自己为物质身体并局限在一段时间内的这种看法，将被新的经验所取代。在新的经验里，我们对自己的体验是灵魂，也是身心，是不朽的生命存在，也是终将一死的人格。这是个最巨大的转变。我们正开始瞥见，意识与责任都不会在死亡时画下句点，而我们所经历的一切，每一样都为我们增添了灵性发展的潜能。我们生命中的事件变得具有意义，而非随机发生的。

我们对宇宙的体验也正在改变。我们不再将宇宙理解为无生命的，将意识视为无法解释、短暂存在的。我们开始去体验这个宇宙，或说至少会认为它是活生生的、有智慧的、慈悲的。生命更开阔的全貌出现了，其中，我们与彼此或任何事物都不再是分裂的。我们与星星、沙滩上的沙子、我们爱的人或恨的人，都不是分隔或毫无关联的。

超越五官感觉以外的世界

当我迁居至北加州偏僻山谷里的一座农庄时，也一并带着自己在都市里养成的习惯到了那里。在都市里，我每天被数百万人围绕，多数人都是我不认识而且从未见过面的。我冒失又无礼，完全不顾虑别人的感受，除非他们身上有我需要的东西。我以为会有无尽供应的陌生人出现，供我无礼对待，直到我了解，让我无礼对待的人竟然快消耗殆尽了！在我位于山谷地带的新家，我的邻居寥寥无几，我知道，如果我想要在那里结交朋友，就必须改变自己的言行举止。

成为多官人也会让你出现类似的洞见，我们开始将自己视为永恒里的老邻居，我们了解到，我们越和善地对待彼此，对每个人就越有利。随着同一个剧团巡回演出的演员，会对他们共同经历过的历史，发展出惺惺相惜的感情。例如，他们会记得在某几出戏里，某个人扮演英雄，某个人扮演坏蛋；在另几出戏里，某个人扮演父亲，某个人扮演母亲。长久下来，每个人都曾扮演过各种角色，包括战士、教士、统治者、被统治者、压迫者、被压迫者、最好的朋友与残忍的敌人。无论是黑色皮肤的人、棕色皮肤的人、黄色皮肤的人或白人的角色，母亲与父亲的角色、兄弟姊妹的角色，每个

人都曾扮演过。我们也像这些演员一样，开始认知到彼此在
当前这出戏以外所扮演的各种角色。

　　一个五官人会将他的生命视为自己当前所知与未来所知
的唯一一场戏，一个多官人则会将他的生命视为自己过去与
未来出现的众多场戏里的其中一幕。他不会将他的演员伙伴
与他们所扮演的角色混淆，他们当下表面上或许是个英雄或
坏蛋，但他们其实是他旅途上的同伴，和他一样，都在从自
己扮演的各种角色里学习，然后带着学习到的或尚未学习到
的东西，投入未来的下一出戏里。

　　多官知觉会带来对智能、智慧与慈悲的觉察，而那并不
属于我们，一如朋友的幽默感一样，不是我们自己的东西。
我们会体验到无形的援手，例如我在撰写第一本书《物理之
舞》以前，预先拟定了章节大纲，但是当我着手开始撰写时，
有许多不包括在大纲里的想法突然蹦出来，每一次我都将
大纲抛在脑后，写下了那些新的想法，有时我会浏览一下大
纲，有时则不会。有一天，我突然发现当时所写好的章节完
美地一气呵成，仿佛是我预先计划好的；我也发现，那些内
容竟然比我更聪明、更有趣。最后我了解到，我在写书时并
非孤单一人！

　　所有从事创造性工作的人，包括摄影师、作家、音乐
家、建筑师、艺术家等，对这样的经验都不陌生。父母若对
孩子说出确切要说的话，会认知到那些话是多么恰当、表达

多么充分而贴切。古希腊人称这种经验为"与缪斯沟通"。那些启发创造力的神灵们，经常会召唤缪斯前来。"降临我吧！流过我吧！"他们会如此呼喊，"告诉我族人的故事！"然后，塑造出西方世界丰富戏剧与哲学的灵感从这些古希腊人的脑袋里泉涌而出。

当我们成为多官人，就能以更贴切的词汇来谈论缪斯——她们是无形的指引与导师。想象有一些朋友对你了如指掌，包括你的恐惧、渴望、羞耻或喜悦，他们都无所不知。他们唯一的目标就是协助你获得灵性成长，而你骗不了他们，也操弄不了他们。他们随时随地都有空回答你的任何问题。我们每个人都拥有那样的朋友，他们的家园就在无形界里。

我们对宇宙的浩瀚无边、我们真正的本质，以及我们在宇宙间的位置这些新近发现，都将逐渐成为我们经验的一部分。如同第一次发现海洋的人，海洋将成为他经验里的一部分，他看见清澈的海水轻柔地拍打着沙滩，感受到双脚冰冰凉凉的，贝壳与小圆石随着海浪的冲刷朝他滚来又离他而去。他望向地平线，然而连他所见的那片广阔无垠，都成为他眼前海洋的一小部分。他无法思量海洋有多么深不可测，无法得知到底有多少生物栖息其中，也无法瞥见海底下有多少山脉。即使他从海滩努力地游到能力所及的最远处，他依然无法体会海洋的深广无边。

同理，生命的一个更广阔舞台已经出现在我们眼前，不同的价值观与目标一一浮现，我们意外地受到了召唤，要去贡献自己的天赋——那我们过去从不曾知道自己拥有的天赋。我们的新领域就是宇宙无形界里的智慧与慈悲，以及我们与它、与彼此之间的关系。从来没有任何有待探索的领域像它一般令人兴奋，而且充满了挑战性，或者像它一般拥有这么多能提供回报的潜能。这个领域就是新人类的新意识，它和发现北美洲的维京人意识、哥伦布的航海伙伴意识，以及探索北美的殖民者意识截然不同。相较于第一个人类出现以来，那些曾探索过五官感觉领域、征服它并利用它为自己谋利的那些人的意识，新意识完全不同。

这是个全新的领域，而我们就是全新的探索者。

2 新视野：爱的三个宇宙法则

无形且不可见，不表示就不存在

雪士达山（位于美国内华达山脉的水边山庄）及其毗邻的山峰沙士提那峰，自海平面拔起将近 4800 公尺，从我居住了 13 年的山谷底部地区算起，也超过 3200 公尺。它们统治着这片大地，在天气尚可的时候，从数百英里外的地方都可以看见它们。这两座山峰犹如独居的巨人，强势展现自己，不见任何劲敌出现。它们的美令人深深着迷，它们卓然不群的宏伟存在让我们的心顿时宁静下来，它们的庄严无与伦比。在西雅图市外围，有另一座雄伟的山岳雷尼尔山，它也一样统治着大地、吸引人们的目光、呼唤人们的心灵，以无可匹敌的姿态影响着周围的一切。这些山脉表面上似乎是各不相关的奇景，但实则不然。雷尼尔山坐落于一条山脉的最北端，这条山脉从该处往南延伸，绵延数千英里直达加州，一直到雪士达山，再继续往南延伸。

它不像内华达山脉、落基山脉、阿尔卑斯山脉、庇里牛斯山脉、喜马拉雅山脉，以及安第斯山脉，这条山脉几乎全部位于地表之下，只有最高峰才看得见。雪士达山与雷尼尔山海拔高度超过 4200 公尺，透露出这条山脉的巨大规模（即喀斯喀特山脉），以及创造出这条山脉的、潜藏于地表下的地质动能规模。同理，各种对五官感觉而言似乎不相干的情况与事件，实际上并非毫无关联。在无形界将它们连接在一起并制造出它们的那些动能，例如喀斯喀特山脉的绝大部分，都是无形不可见的。多官知觉彰显了这些动能，让它们成为有用的。这些隐藏的"秘密"动能，全都与创造和责任息息相关。

第一项是"创造的宇宙法则"。这条法则很简单：我们通过自己的选择，创造出自己的经验。所有人都将自己幻想为一出戏里的演员，而剧本是由另外一人所写的（或没有人写）。如同舞台上的角色，别无选择地照着剧本演出，他们出生、生活，然后死亡。从生到死之间，有些人会即兴演出，有些人会做一些尝试与试验，有些人则庸庸碌碌地求生存，但是他们全会出生，也都会死亡。他们期盼着最美好的事情发生，也为最坏的情况做足了准备。他们会庆祝好运的到来，并为厄运叹息。这样的觉受，都是由五官知觉的局限性所创造的。五官感觉只能察觉到物质（有形）面的境况，而理智则下结论道：如果物质境况不是由物质之因与物质之果关联在一起，那么它们就是没有关联的。这就好比下结论说，雷尼尔山和雪士达山是没有关联的一样。

五官人相信，行为创造结果，而那只是故事里的一个小小篇章。多官人明白，是一个行为背后的意图创造出行为的结果。意图是一种意识的质量，它是行为的理由、行动的动机。例如，为朋友提供他所需要却不知道的信息，意图帮助他，就会创造出建设性结果；但若你的意图是想证明自己比朋友更聪明，就会制造出破坏性后果。前者帮助你向他人敞开心胸，后者则封闭了你的心。

第二项动能是"因果的宇宙法则"。它和作为经验或实证（五官）科学基础的"因果自然律"，具有相同的形式；也就是说，每一个因都会制造一个果，而且每一个果都有一个因。因果的自然律连结的是自然界（物质）的因与自然界（物质）的果，这让有意识地创造物质结果成为可能，例如登月计划或研制流行感冒疫苗的成功等。如我们所见，因果的自然律是五官人唯一能看见的因果动能关系，这导致的结果是：许多实则密切相关的事件与情况，表面上会看似毫无关联。

多官人则在创造过程中，看到非物质之因（意图）的角色，也看到物质之因（行为）的角色。事实上，他们会看见意图的选择本身就是一个创造过程。从多官知觉的观点来看，因果的自然律是时空、物质领域的一种反映，也是因果的宇宙法则之二元对立性。换句话说，多官人能够看见为什么有那么多的行为会制造出看似意料之外的结果，而实际上它们并非意料之外的。

当你觉察到你的意图（因），你便可以预测它将创造的结果（果）；而当你对意图没有觉察，它所创造的经验就会令人感到意外、感到痛苦。举例而言，当你企图剥削一位邻居，并且真的压榨了他，在你的未来，某人便将会剥削你、压榨你；当你意图照顾另一个人，并且真的帮助了他，在你的未来，他人将会照拂你、关照你。因果的宇宙法则在西方称为"恕道"（The Golden Rule，黄金定律），类似于佛教所主瓣"业力"。在你选择一己意图的时候切记这一点，将能让你创造出一个充满爱的健康未来。如果你忽略它，保证将来会为你带来不健康而且痛苦的经验。

切记这一点，能让你找出过去你未曾觉察到的意图。如果你仔细寻找，每一个意料之外的痛苦经验，都会为你回头指向创造出此结果的意图，而你或许会感到惊讶不已，你会发现自己过去（或现在）竟然有这么多隐藏的动机（无意识意图）。

第三个动能是"吸引力的宇宙法则"。能量会吸引类似的能量，譬如你发怒的时候，就会吸引到火气很大的人，并且会活在一个充满愤怒的世界；若你贪婪，就会吸引到贪得无厌的人，并活在一个贪求无度的世界；当你充满爱心，就会遇见有爱心的人，并活在一个充满关爱的世界。道理就是这么简单。五官人相信，他们的世界将决定他们的信念；而多官人明白，世界会证实他们的信念。如果你相信这世界是个人吃人的地方，你就会变成其中一个吃人或被吃的人，并且活在一个自相残杀的世界里；如果你相信这个世界到处都是奇迹，那么，你就会变成其中一个奇迹，你也会生活在一个充满奇迹之人的世界中。五官人认为"眼见为凭"，多官人则知道："我相信时，就会看见。"

行为制造结果 v. s. 意图创造经验

有些人现在就拥有多官知觉，其他人则正在获得它，而所有人类在几个世代之内将全部变成多官人。随着我们变成了多官人，我们的经验也将越来越丰富、越来越有意义且更加见闻广博。内在过程变得比外在境况更为重要。多官知觉让我们的注意力出现 180° 转向，让它不再聚焦于五官知觉，从注意我们的外在转向留心我们的内在。我们所见之外的东西，变得比眼前所见更为重要。

我们会体验到，自己与他人都是一幅更辽阔的生命织锦的一部分，我们的价值观也会出现意外的转变。有时，我们的知觉会令自己感到讶异，例如，当我们发现了我们无从得知的、关于他人的一些事的时候。譬如我们感觉到有个外表粗鲁的人其实很和善，而有个貌似友善的人其实并非善类。朋友在我们想起他们的时候打电话来；或者告诉我们，我们打电话给他们时，他们正想到我们。例如在公交车上和不认识的乘客打招呼这种日常的经验，也变得有意义、适得其所，而且令人感到满足。

直觉取代了理智，成为主要的抉择工具。而五官人至多是对直觉感到有些好奇，那对他们来说是新颖的事物（如果他们曾想过这件事的话）。从多官知觉来看，直觉是来自无形界的声音，它能够直接接触到无形却真实的慈悲与智慧之源头，其范围远超出我们能给予彼此的东西。这些是我们的无形指引与导师。无形界对五官人而言是荒谬的，对数百万个多官人的经验而言却是无比重要的，而对于另外数百万正在成为多官人的族群而言，它也将逐渐成为最重要的。多官知觉的新视野是无形界以及我们与它的关系、我们在其中与彼此的关系，以及我们的无形指引与导师。

多官知觉与五官知觉的差别，犹如文盲和识字者之间的差异。情诗、论文、历史、故事等，对文盲而言皆是他们无法直接接触的东西，只能通过他人来传达。他们看见的只是纸上的符号、一行行无意义的文字，既令人兴趣缺乏，也没有价值，因此他们自然无法欣赏它或从中获益。五官人是文盲（纯以譬喻而言）。对多官人有意义且有用的情况或事件，对他们而言并无意义。

物质（有形）界对五官人来说就是存在的全部，纵使他们不是如此思维（例如，他们会相信天堂与地狱），也是如此体验存在的。多官人则是将五官的领域，从星系到次原子粒子，都视为无形界的一部分。对多官人而言，五官的知觉并不会消失，它们只是有了新的意涵。

从五官知觉的角度来看，我们是时间与空间里的身与心，我们的行为制造结果，我们的影响力通过物质的因与物质的果而传递；但是从多官知觉的观点而言，我们是不朽的灵魂与人格，我们有更大一部分存在于无形界，我们的意图创造出我们的经验，我们的影响力会延伸至我们能见、能听、能尝、能触、能闻的范围之外。

从五官知觉的角度来看，"坏事会发生在好人身上"，"好事也会发生在坏人身上"。从多官知觉的观点而言，发生在所有人身上的事都是适当的，无论何时何地皆然。多官知觉认为"偶然""随机""意外的""运气"等，都是无意义的。在愤怒的情绪下所做的决定会制造痛苦的结果，怀着慈悲心所做出的决定会制造慈爱的结果。如果你栽种玉米，玉米会长大；如果你种的是西红柿，你收获的就是西红柿。一个不了解自己的生活为何充斥着痛苦而非喜悦的人，就好比一个不了解为何长在田里的是大麦而非生菜的农夫。他不曾觉察到自己栽种了什么种子，或者自己在何时种下了它、如何种下它。多官知觉使你能觉察到自己所栽种的种子（你的意图），因此，你能事先知道自己将会收割什么样的作物（意图的结果）。

一个五官人会将他的生命，视为一部包含了开始、中间与结束的书；一个多官人则将生命视为包含许多章节的一部书里的其中一章。他知道自己的一些早期经验，是之前章节里所发生的事造成的；而往后章节里会发生什么事，将取决于他的决定。

五官知觉好比通过一扇窗户来观看，你自己并非你所见的一部分；多官知觉则好比看一面镜子，你会看见自己，看见如何以建设性的方式改变自己。随着五官人逐渐转变为多官人，他们会受到新目标的吸引，合作变得比竞争更吸引人，分享变得比隐藏更吸引人，和谐变得比争执更吸引人，怀抱敬意变得比剥削利用更吸引人。而当你开始朝着这些目标前进，镜中的影像也将出现变化。举例而言，当你收藏物品或钱财时，"因果的宇宙法则"保证让你体验到匮乏之苦，而且无法拥有他人可以选择给予你的东西。当你愿意分享的时候，它保证让你体验到选择与你分享的人所提供的支持。

将生命经验视为学习的机会

整个人类族群都在经历一场转变，旧有的目标正在崩毁，旧有的胜利方式已不再能令人满足了。一股新的旋风已经刮起，全新的歌曲正在召唤人们一同前来唱和，一种新的理解也逐渐萌发、绽放。多官知觉正出现在数百万人身上，有时它强烈而清晰，有时隐微而短暂，这场蜕变的初始阶段正深刻地改变着人类的经验。无论我们是否选择改变，这场蜕变都会发生，但我们如何对待它又是另外一回事了。

多官知觉不会让我们变得和善、变得有耐心或关怀他人、体贴他人、心怀虔敬或心中有爱，它只是提升了我们的觉察力而已。我们能看见的将不只是五官知觉能显示予我们的面向，但我们必须自己决定如何使用这份扩大的觉察力。五官知觉的人会改变环境，或等待他人来改变环境，多官人则会改变他们自己。多官知觉会为人们照亮通往个人自主的道路，并且在每一刻做出抉择，决定是否要踏上这条路，以造成健康或不健康的后果，或是造成创造性或破坏性的结果。多官知觉的新视野让我们不得不重视自己的创造力，并且无法再逃避自己的选择权。它将生命的经验蜕变为一个持续的学习机会，以一种全彩的、配备环绕音效的、永远都是最新颖的教育环境展现在你眼前，其中还有百千亿个学生，每一个学生的学习课程都是量身打造的，这就是"地球学校"。

多官知觉也将让无尽冲突的非物质因素变得更为清晰，其中一些冲突包括饥饿与贫穷、普遍的暴虐与剥削现象、暴力与破坏的蔓延（尽管有那么多同样暴力与破坏性的努力想要阻止它们）、资本主义执迷不悟的贪婪等，也因为如此，改变这些事的做法也变得唾手可得了。

五官人看待生命的方式是：除了以五官感觉的角度来解释之外，别无他种解释，一如五官人科学家，他们认为意识是无生命的（死的）宇宙里一种令人费解的东西。多官人将他们的生命视为一道持续的流动，充满了来自宇宙的恩典，这些恩典是能让你获得灵性成长的相关象征或潜能。五官人认为他们的生命是没有意义的，除非自己归结出一个原因，或由他人来告诉他们意义；但是对多官人而言，所有的经验都包含着让你获得灵性成长的意义与机会。五官人将一个人的诞生视为物质界的事件，多官人则将它视为一场关乎灵性责任的重大事件，视为一个不朽灵魂的自愿投生转世。

多官知觉提供了获得高维观点的渠道，它们不是灵魂的经验，却揭示出一个道理：我们的生命就是一场持续的相遇，不断在每一刻，与切合当下、永远实时的经验面对面，它对参与者的灵性成长而言永远是完美无缺的，无论他们做出了什么样的选择。

高维的视野不会治愈你的痛苦，但是它会将其疗愈不偏不倚地、明确地放在灵性发展的脉络之中。

3 无尽的痛苦：你误解了什么是爱

认清"爱"与"需要"的不同

"爱"是所有词汇里面，一个受到最多误解与滥用的字。爱，现在是我们进化的引擎，但是它的运作方式却令人意外而苦恼。多官人类的进化需要学习去爱，探索爱的每一个面向，并且享受爱的每一种可能性。因此，我们现在唯一能进化的方式其实是简单明了的：去发现、体验，然后疗愈我们身上不懂爱的那一部分，然后再发现、体验、培养懂得爱的那一部分。

"无条件的爱"是一种累赘的描述，好比在说"湿的水"。爱是包含，条件则是排除。无论痛苦或喜悦，成功或失败，健康或疾病，年轻或衰老，爱只是如其所是。爱不可能失望，因为它没有任何期待。爱、宇宙、意识和光皆然。宇宙是万事万物——星星与浩瀚的太空、身体里的细胞、街边的人行道、种子、土壤、我们所有人，以及更多、更多的事物。万事万物都是一种生命、意识、光和爱的形式，因此不可能不被爱，也不可能没有归属——万事万物绝不可能不是那光的、爱的、意识的宇宙之一部分。然而，每个人内在最深沉的痛苦，仍是需要被爱、觉得不被爱、渴望去爱、觉得无法去爱，以及想要有所依附并觉得有价值。

学习去爱能带给你无尽的慈悲，让你能亲密接触到自己人格中不懂爱的部分、不想爱的部分与不在乎爱的部分，这些都是有待疗愈的范畴。它们会想要报复、评断、批评、指责等，而爱会宽恕并且接受一切，不管是仁慈或残酷、自私或无私、有爱或无爱的人，皆一视同仁。

"无条件的爱"会将需要与爱混为一谈。"爱"本身就是至福，不要求任何事情；"需要"却是痛苦而有条件的，而且永远要求更多。比方说，你买了一部自己渴望已久的新车（或新房子、新西装、新脚踏车），你对那部车的需求（痛苦的）就被你要保护它的需求（痛苦的）取代了。当你终于创造出一段关系，能为自己带来梦寐以求的安全感、性生活或家庭，你害怕找不到这段关系的恐惧（痛苦的），将会被害怕失去这段关系的恐惧所取代（痛苦的）。这些都不是爱的体验，而是需要的体验。对那些有需要的人而言，他们可能会看起来或感觉起来像是爱，但是执着的体验总是揭露出其他东西。执着的体验就是有所需要的体验。

所谓"不求回报的爱"，是伪装后的不求回报的需要——一个在寂寞里日益萎靡或在绝望中载浮载沉的人，空想着要通过另一个人而获得满足。痛苦的经验不是爱，无论它表面上和爱多么相像。举个例子来说，我的一位朋友养了一只小狗，从它还是幼犬的时候就开始养。他每天晚上都期待见到小狗，在周末跟它玩。那只狗成了他生活中的重心。有一天下午，小狗跑丢了，朋友大声呼叫它、吹着口哨四处寻找。亲朋好友都前来协助，就在众人的口哨与呼叫声中，小狗突然若无其事地出现了，表现得和以前一样无忧无虑。我朋友连忙跑过去，气得面部扭曲。那只狗流露出瑟缩的模样，因为太害怕而不敢再往前跑。我朋友将它举起来，在空中用力摇晃，把它吓得魂飞魄散，哀号了一下。朋友暴怒地对那只惊魂未定的狗儿大声斥责，要它下次别再乱跑。当他的家人赶过来，想要他冷静一点的时候，他大声吼道："那是我的狗，他 × 的！"

后来，他不好意思却没有悔意地解释道："我爱那只狗，就和爱我的任何一位家人一样，所以它跑走的时候，我才会那么生气。我必须让它知道，下次不要再这么做了。"他将"需要"误以为是"爱"了。他人格里的一部分爱那只狗，但另一部分是需要那只狗，而且非常害怕失去它，而那一部分就在狗儿跑掉的时候凸显出来。

需要会要求投资要有回报，无论投资的是时间、金钱或爱都一样。狗儿无法提供我朋友人格里的恐惧部分所期待的回报。朋友虽没有想到投资或回报的问题，但是他没有觉察到的自己人格里的恐惧却做如是想，以致会在狗儿走失的时候勃然大怒。在他的暴怒底下，是害怕失去重要事物的恐惧。他以为那是他的狗，其实不然。那是他的狗儿为他带来的东西（至少暂时是如此），也就是一种被爱、值得爱、有所归属，属于生命一部分的感受。

无力感所带来的痛苦

这种对自我价值的追寻，永远都会带来绝望，因为想要被爱却感觉不值得爱、想要爱却觉得无法去爱、需要有所归属却觉得被排除在外的痛苦，是令人难以承受的。这就是"无力感之苦"，这种痛苦深深埋藏于人类经验的核心。无力感是一种感到本质上有所缺陷、天生丑陋、没有价值的体验，那是害怕他人若看见你真正的模样就不想和你在一起的恐惧，那是一种自我憎恨。事实上，那是一种不配获得生命的体验。没有什么比它更折磨人了。

即使你认不出无力感之苦，你或许仍会意外地在自己身上发现它。如果你检视自己经验的底下，特别是当你感到气愤、嫉妒、仇视，或沉浸在其他令你如此熟悉而让你认为它们"就是我真正模样"的痛苦情绪时，你将会发现深层的痛苦体验。这每一种体验都能为你提供关于自己的实用信息，而最底层永远都是无力感之苦。比如，在我朋友因爱犬走失而痛苦的情绪底下，是他对那只狗的需要，再往下一层是他对控制那只狗的需要，更往下一层则是他想要世界如他所愿的需要（狗儿无视于此）。每一层都能短暂地粉饰无力感所带来的痛苦。

当世界不如我们所愿时，我们总是能切身感受到无力感之苦，例如，配偶离开、孩子过世、丢掉工作或觉得遭到背叛。为了掩饰痛苦，我们出现生气、嫉妒、想要报仇、沮丧、退缩等各种情绪，却不会从无力感或痛苦的角度来看待这件事。我们反而大发脾气，怪罪自己的境遇（就像我朋友勃然大怒，怪罪他的狗一样），出现退缩情绪、泪眼汪汪、伺机报复，或大吃大喝、埋头工作、看色情刊物或影片、滥用药物、喝酒、赌博等。我们总是将境遇（包括人）视为痛苦经验与毁灭性行为的肇因。我们所见的一切都是外在境遇，而我们完全受到它们的支配。

对无力感之苦的逃避不断主导着我们的知觉、意图与行动。我们利用一些人和事物让自己觉得有用、有价值，是完整的、完美的，例如利用配偶、孩子或工作等。无论你利用的是什么，它都对你的安全感和价值感至关重要。有些人利用的是名声，有些人利用财富，有些人利用教育，还有人利用的是聪明才智、幽默感、房子或政治见解等。当你利用了任何事来影响、操弄或控制他人，目的是让自己获得安全感或价值感，你就是在逃避无力感之苦。

若说人类这个族群就是缺乏安全感的，这是在说一件摆明的事实。我们对无力感之苦做何反应，其中的差异就在于多官知觉出现之前与之后（现在）的人类进化程度的差别。五官人会借由控制与操弄包括人在内的环境，来避免无力感的痛苦。例如当一个孩子过世，他们会再生一个孩子；事业失败了，他们会再创立一个事业；一份关系瓦解了，他们会再找一个伙伴。他们选择衣服、车子、房子等，是为了让自己感觉起来更具吸引力、更有能力或更性感。他们会为自己的长处、聪明才智、美貌、学历、财富、名声、家庭甚至滑雪板等感到骄傲——任何让他们觉得有价值而且安全的东西，都能让他们感到自豪不已。他们会强势主导、取悦、反抗、血拼、大吃大喝、抽烟、喝酒，或做更多事情以达到操弄和控制的目的，好让自己觉得有价值、觉得安全。我们当中最富有的人和最贫穷的人，都同样会受到无力感之苦的折磨，而所有人都通过努力操弄并控制环境来逃避它。这就是"追求外在力量"。

每个人都想借由操控获得安全感

试图维持外在力量的存在，就好比试图将水储存在一个纸袋里。外在力量可能获得也可能失去，可能继承得来也可能遭到窃取，可能挣得也可能被毁灭。举例来说，一场选战可能打了胜仗（较多操弄与控制的能力），也可能打了败仗（较少操弄与控制的能力）；股票的投资组合净值增加（较多操弄与控制的能力）或净值减少（较少操弄与控制的能力）；强壮的身体（较少操弄与控制的能力）变得衰弱（较多操弄与控制的能力）；反应敏捷的头脑（较少操弄与控制的能力）

退化了（较多操弄与控制的能力）；一种风格退出流行（较少操弄与控制的能力），另一种变得更受欢迎（较多操控与控制的能力）等。

包括个人与集体的人类历史就是一部追逐外在权力的编年史，无论它写得壮阔或渺小，都是一样的故事，即在有能力操弄与控制时感到安全舒适，在缺乏这种能力时感到危险而沮丧，并会投入获得这种能力的竞争行列。对外在力量的追求并不限于年轻人或老年人、富人或穷人、都市人或乡下人、受过教育的人或文盲，它是全体人类一致追求的，因为需要归属感、需要感觉安全、感觉被爱与感觉有价值，是全体人类共通的特质。一旦你认出外在力量是什么，就处处都会看见它的存在。每一种文化、宗教与国家都在追求它，企业、城市与小区也在追求它，手足之间、配偶之间与父母之间彼此争吵的理由，和大企业间斗争的理由是一样的——他们都想要控制彼此。

死亡是外在力量的终极失败，因此也是最令人害怕的五官经验。对外在力量的追寻是个没有结局的故事，是人类经验里的黑洞，也是长期缺乏安全感的一种表现。

过去没有人注意到或探索过外在力量的本质或起源，因为在多官人兴起之前，人们对力量并无其他的理解方式。外在力量曾让五官人得以生存下来，而现在，追求它却只会制造暴力与毁灭，这是个巨大的改变。曾经是良药的东西，现在已经变成毒药了。

五官人类的发展潜能是一个不再有物质需要的世界，即一个人人都有遮风避雨的住所、都能温饱、都健康的世界。这个潜能并未获得实现，也已经没有时间来实现它了。五官人类的阶段已经来到了终点，它原本能创造出一个物质天堂，但是却未能做到。除了他们所达成的建设性成就之外，他们也制造出生态浩劫、恐怖性武器、种姓制度、种族灭绝等。如果五官人类曾带着敬意追求外在力量，它的短暂历史与它和地球的关系可能会全然改观。

我在与北美原住民青年举办的第一次活动里，遇见了一位深深感动我的长者。我从未见过一个人身上竟能如此天衣无缝地融合了轻盈、踏实、幽默、智慧、慈悲与清明等特质。他和年轻人一样灵敏，却是个已见识过七十个寒暑的长者。他是印第安人与牛仔的综合体———一个戴着斯泰森（Stetson）①牛仔帽和一条马术分牛比赛（Cutting Horse Champion）冠军皮带的酋长。在活动结束之前，他收养我作为他的侄子，我们的关系变得越来越亲密，直到他在十年后过世。我非常珍惜他、他的家人，以及我们这段关系。有一次他告诉我："小水牛总是置身牛群中间，因为那里最安全。老水牛会在牛群外围移动，它们将自己献给它们的兄弟，也就是狼群。"他停顿了一会儿，接着又说："侄儿啊，我就要像那些老水牛一样了。现在，我的生命完全是献给人们了。"

他的意思是指所有的人。

原住民智慧带着敬意向外在力量致意，但是对外在力量缺乏敬意的追求，已经毁灭了大部分的原住民文化。耶稣基督教导他的门徒要爱他人胜过自己的生命，但是对外在力量缺乏敬意的追求，已经将他的教诲扭曲为一个幻想似的目标。这个故事不但漫长而且不断重复。对外在力量缺乏敬意的追求，将人类经验变成野蛮的暴行。有数百万人但愿自己不曾出生，还有数百万人希望自己死去。无论是带着敬意或毫无敬意的追求，外在力量的效用已经结束了，一如五官人类的历史已经走到了终点。

多官人类的时代已经揭开序幕。多官人能看见五官人看不见的东西，能看见对外在力量的每一次追求，都是在试图逃离无力感之苦。面对无力感带来的痛苦，他们能以不同方式来应对，因为他们能洞见另一种不同的力量。

———————————

① 一个历史悠久的品牌，美国西部牛仔帽的创始者。

4 蝴蝶效应：你的意图决定你的体验

无意识的行为或决定，制造出难以想象的后果

你并非如自己所想的那般渺小或无力。你不需要等到创造了财富、认同、崇拜或赞美，才能影响你周遭的世界。无论你是否觉察到这一点，甚至无论你想不想觉察到它，你对这个世界的影响力都是至关重要的。20世纪60年代初期，一位在麻省理工学院从事研究的气象学学者，创造了一个能呈现天气模型的计算机程序，他急着要将已经计算完毕的仿真程序重新打印出来。为了加速这个过程，他只输入了原来6位数字里的前3个数字，而原本的6位数是他用来定义模拟当中的初始条件（例如，他将.506127简化为.506），结果打印出来之后，竟与原来的程序完全不一样。起初他以为是自己的计算机出了问题，后来他想起了自己做过的更动。他没想到如此细微的变量竟会影响到结果，更不用说产生如此剧烈的变化了。但是他错了，他的更动制造出天大的不同——事实上，计算机预测了一个截然不同的气候状况。

这种对初始条件的敏感依赖性，后来被称为"蝴蝶效应"，因为在天气预测上的大幅度变化与初始条件上的细微变化之间的关系，呼应了蝴蝶在世界一端挥动翅膀将改变世界另一端的气候这个诗意的譬喻。蝴蝶效应对你那巨大的创造能力而言，是个很有用的譬喻。多数人都认为，除了自己直接所在的处境之外，自己毫无影响力，甚至连置身那样的处境都经常感觉到无力感。"如果我有钱的话……"他们会这么想；或者，"如果我是个演员，是个亿万富翁，是个运动明星。如果我长得很好看，很聪明，是个教授，或是个大主管，我就能有影响力。如果我有一艘游艇，或一辆越野自行车，或拥有我看见在打折的那双鞋，人们就会听我讲话，或至少有一些人会注意到我。"这就是追求外在力量。

你的决定会持续制造出"初始条件"，而那些由不同条件造成的、持续变化的气候，就是你的经验。当下的一个小小决定，回顾之后变成了一个不怎么小的决定。说"是"而非说"不"，会改变你的经验；将人们推开而非邀请他们更靠近你，会改变你的经验，即使你并非有意识地做出这样的选择。例如，尽管你觉得义正词严、理由正当，然而在愤怒之下所做的行为都会将人们推开，然后你会感到寂寞，因为你的愤怒让人们对你敬而远之。然后，你再度感到气愤，再度将人们推开，丝毫未曾思考过你在愤怒之下做出的行为制造了什么后果——它造成了重大的气候变化。

评断他人也会让他人选择远离你，即使你不曾表达过你的批判亦然。你可能会断定某人能力不足，例如缺乏吸引力、笨拙或自我中心，而无论你是否如此明白表示，你的评断都会将他推开。你和他说话可能依然客气，面带微笑，甚至表现出虚假的欣赏态度，但是他仍会感觉到你的言不由衷，以及你内心对他的批评。他或许不会知道你在将他推开，但是他会察觉到，你对他表露的欣赏与他不被欣赏的切身体验之间是没有连结的。他可能会发现自己在尽量逃避你。而你对他人幸福的关心，也会吸引他们接近你，无论你是否将它表现出来（吸引力法则）。当你为他们做事，他们会感受到支持与安慰，尽管你并未面露微笑或刻意讨好他们。此外，你自己也可以察觉到，某个看似粗鲁的人其实心存仁善，而某个貌似仁慈的人其实并不值得信任。这些都是多官知觉的例子。

听从你的直觉

有一次，我在一个没有月亮的夜晚外出露营，黑暗吞没了整片森林，我的帐篷变得危机四伏。小石头很容易让我的脚踝扭伤，大石头容易让我的拇指撞伤，掉落在四处的树枝则容易让我绊倒。黎明来临之际或是当我打开手电筒时，踩过或绕过那些障碍物就变得容易多了。多官知觉一如那道黎明（不过我们在它出现之前没有手电筒可用），现在，你可以利用你的直觉来帮助自己。例如，我有一位朋友想要赶在强台风笼罩整个台湾本岛之前离开那里，他在机场，排队等着办理登机手续，却出现一个不要搭飞机的预感，但是登机时间已经迫在眉睫，同时台风也正在逐渐增强，于是他将行李托运，搭上了那班飞机。在强大的雨势和暴风之下，飞行员误闯了一条关闭的跑道，他以为那条跑道是开放的，于是这架大型客机在准备起飞时撞上了一辆起重机，撞断了一侧的机翼并且引发爆炸，造成多位乘客死亡。我那位朋友花了好几年的时间进行手术与治疗，不断与病痛对抗，才重新恢复了正常的生活。他"早就知道不要"搭那班飞机的，但是却忽视了这个信息。

你可能也有类似的经验。如果你有预感应该留在家里却还是出门了，然后在冰上摔了一跤，你就会后悔没有听从你的直觉，就像我的朋友懊悔没有相信自己的直觉一样。往窗外看（五官知觉），你只会看见外面结冰，但不会显现任何你今天比较有可能滑倒的迹象。每个人都曾有过那样的经验，都曾说过："我就知道我不应该那样做！"或者，"我就知道我应该那样做！"没有任何实证的（属于五官知觉的）飞行前调查能显示出，驾驶员在那个暴风雨的夜晚较有可能将一条施工中的跑道误以为是开放的跑道，只能显示出犯错概率较高。同理，没有任何离开前的调查能显示出，你那一天比其他时间更有可能在冰上滑倒，只能显示出滑倒概率较高。然而，这些并不是概率的问题。我的朋友"知道"他不应该登机，而你可能也有类似的经验，知道自己不应该去做正考虑要做的事，但无论如何还是去做了。

例如，你有预感不要对一个朋友提起某个话题，因为那会刺激她产生某些情绪，例如愤怒、嫉妒或恐惧，但你还是提起了这个话题，破坏了那天与她一起合作的机会。你早就知道自己可以避免那种结果的。这是以另外一种方式在说：你知道自己原本可以用不同的方式来创造，你原本可以做出不同的选择，随之产生不同的结果。如果我的朋友在台湾机场做出了不同的选择，他现在或许依然可以拥有一个和过去一样健康无病痛的身体。

多官知觉将蝴蝶效应、你的选择，以及你的创造力量，置于一个新的脉络下。你不再将自己体验为微不足道、渺小、无助的个体，在这个无规则可循的残忍世界，你开始察觉到另一个不一样的可能性：你是个拥有力量、有创造力、慈悲且有爱心的灵性（spirit），只是表现得像是个微不足道、渺小且无助的个体，而且在这一过程中，还以你的愤怒、嫉妒、凶暴、恐惧与报复心态创造出痛苦的结果。你需要取悦他人或主导他人，需要有优越感或自卑感的体验，而且强迫性的、身不由己的、上瘾般的行为，也阻止你去体验那个更开阔、更健康的自己，甚至徒然创造出更多的痛苦经验。可以说，你的选择就和蝴蝶拍动翅膀一样，必定会留下痕迹。在世界的另一端，晴朗的天空转变为灰暗的天色，或是有一场暴风雨静止下来了。

你的意图决定了你的生命经验

蝴蝶效应指的是物质之因（小规模）在物质现象（大规

模）上的影响，它阐明的是经常因太过渺小而受到轻忽的"初始条件"，其实扮演极为重要的角色。多官知觉也将觉察力从物质之因扩展到非物质之因，它揭开了供我们探索与运用的新领域。例如，它让你能够针对生命中经常忽视的非物质"初始条件"进行实验，它们是如此渺小，以致你可能不曾认真考虑过它们，但是它们事实上很重要。这些就是你的意图。你的意图决定了你的经验，无论你对它是否有所觉察，都是如此。当你对意图没有觉察，它们所创造的结果就会令你吃惊，而且令你痛苦。

意图对五官人和对多官人而言，意义大不相同。五官人会从例如"找一份新工作"这种角度来思考意图，而多官人会更深入，他们会问："我为了什么意图去找一份新工作？"例如，其中一个原因可能是"赚更多钱"，其他原因可能是拥有更多影响力，在离家近一点的地方工作，或过一个更有意义的生活。他们会不断地问，直到找出真正的原因为止。他们对最深层的原因锲而不舍地探问，引领着他们找到自己真正的意图。举例来说，一个为人父母者可能想要赚多一点钱才能送子女上大学，在这个意图底下，还有一个更深层的意图。另一个家长打算送孩子读大学，因为他觉得有义务这么做，他的家人也都如此期待，或者他邻居的孩子也要上大学。另一个家长可能想要让孩子接触更多语言、文化与学科，激发他的创造力与热情。这些都是不同的意图，而它们会制造出不同的结果。

原因底下的原因（有时还有该原因之下的原因），是创造出结果的意图。那即是决定你生命经验的意图和目的。父母送子女上大学的目的若是为了让自己（父母）感觉良好，让邻居感觉良好，或是为了逃避家里的反对，那么，父母顾虑的是自己本身；而以教育这份礼物支持孩子的父母，考虑的则是他的孩子。一个是接受，另一个则是给予。一个出发的动机是恐惧，另一个则是爱。这两种父母都启动了"因果的宇宙法则"与"吸引力的宇宙法则"，因此以不同的意图制造了不同的结果。第一种父母将会体验到他所爱的某人利用他获得自己的幸福（因果的宇宙法则），而且也将吸引到怀着潜藏动机的人（吸引力的宇宙法则）。第二种父母将会体会到无条件被生下来并受到照顾的喜悦与恩典（因果的宇宙法则），也将为自己吸引到关心他的人（吸引力的宇宙法则）。

对五官知觉而言，这些行为没什么不一样，都是送孩子上大学；然而若不知道行为背后的意图和目的，就不可能知道他们的行为会创造出什么样的结果。当我第一次学习滑雪的时候，我会将雪橇扛在肩膀上，较短的那一端朝前，尖尖的、较长的那一端朝后，但是我很快便发现这么做有多危险，因为我一直忘记尖尖的那一端有多长，所以每当我一转身，它们便快速旋转，周围的人们总是要实时闪避，然后发出一连串抱怨。若不清楚自己的意图，就好比这样扛着雪橇进入一间瓷器店。你每一次转身，背后就有一些东西被你打碎，你看不见是什么原因造成了这样的伤害，但你却必须为这个后果负责。

运用你的创造力却不知道自己的意图为何，就像驾驶一部车子，却将挡风玻璃漆成黑色。你在行进着，却不知去向何处。你期待抵达一个目的地，然而在下车时或者车子撞到了什么东西时，才发现你自以为会抵达的地方和实际抵达的地方根本不一样。例如，如果你有取悦他人的需要，你会很惊讶地发现（而且可能已经发生过很多次），他们最后竟都将你推开。当你怀着想要看见他人脸上的微笑或是获得感谢的意图，若只是为了让自己觉得安全、感到有价值（这就是追求外在力量），那么当你看见他人对你皱眉头或你的付出未获感谢时，你就会体验到被拒绝的痛苦，到后来（或立即地），你会觉得自己被糟蹋。你想要取悦的强迫性行为是有对价关系的，如果你无法获得酬劳，你就会生气。你期待来到一个能够获得感激的情境，不料却来到了遭到拒绝与愤怒的情境，那可是个截然不同的目的地啊！

多数人都是驾驶着挡风玻璃漆成黑色的车子，比方说，提供妻子一个家和令人有安全感的丈夫，会在妻子无法应他要求提供安慰与性爱时，感到气愤难耐。好比我那位认为自己很爱他的狗的朋友，在狗儿无法满足他的期待（隐藏的意图）时大发雷霆。那位丈夫也是抵达了一个天差地别的目的地（挫折、愤怒、痛苦），而非他所期待的终点（家庭幸福美满）。如果你认为自己的挡风玻璃是透明干净的，那么问问你自己，每当有人对你赠送的礼物不理不睬，或将它丢掉时，你有多少次会感到生气，或至少有些不高兴呢？（"又是毛衣？我已经有一件了，而且你明知我不喜欢咖啡色。"）那些经验是一个信号，标记着一个你不曾觉察到的意图，而那个意图和你自认为持有的意图大相径庭。

有一个很普遍的错误观念是：最健康的意图就是要让自己"感觉很好"。暗巷里的吸毒者会注射海洛因，因为那让他"感觉很好"，但是那并无法让他变得健康，甚至无法让他走出暗巷。相反地，一个刚开始戒酒的酒鬼会饱受痛苦的折磨，但是却走在迈向健康的路上。健康的意图绝对不是追求外在力量。举例来说，如果你想要通过奢华跑车、美艳娇妻、漂亮豪宅、昂贵珠宝、理想生活或任何其他东西来获得他人的注意，因为若没有这些，你就会感到不足、渺小且无助，而你的目标是过一个更有意义、更不空虚、充满更多喜悦与更少痛苦、更多爱与更少恐惧的生活，那么它根本无法带领你抵达目标。

那样的生活是多官人类的潜能，也是进化上的必要条件，所有的人类都正在转变为多官人，或很快地将会转变为多官人。我们彼此之间的因果关联并非仅止于物质层面。我们能通过意图的选择去影响彼此、影响所有的生命，而借着我们对意图的抉择，我们也能将恐惧的经验蜕变为爱的经验（或选择不改变），将我们的世界从残暴的转变为慈悲的（或选择不改变）。我们每个人终究要为一切所是的幸福安康负起责任。追逐外在力量就是那组总是创造出恶劣气候的"初始条件"。我们越是将自己视为微不足道的、无力的，就越是会以不负责任的方式使用我们的创造力，并且创造出痛苦的后果。我们越是将自己的经验怪罪于他人、嫉妒他人，或对他人或自己发怒，就越是会制造出痛苦的结果。多官知觉的崛起犹如一道前所未有的黎明曙光，逐渐高升的太阳将为我们照亮一组永远能在所有地方创造出最佳气候的初始条件。

5 情绪囚笼：从觉察你的情绪反应开始解套

你被什么样的记忆之锁困住？

西方文明里最著名的哲学家，或许是柏拉图（历史学家普遍一致认同他最具有影响力）。他是苏格拉底的学生，亚里士多德的老师，这三人合称为"西方哲学三巨头"（哲学Philosophy 一字的希腊文原意是"爱智"）。柏拉图撰写了数册的对话录（他师从苏格拉底，也采用了这样的教学法），但是我最喜爱的是一则描述洞穴的故事。

在一个深不可测的洞穴里，有一群人被链条锁住，他们只能见到洞穴墙壁上的影子，那些影子是由一些被移至一道明亮火光前的模型与雕像投射出来的。有一天，有一个人奋力挣脱了锁链，从洞穴里逃了出去。他第一次站在阳光底下，看见了真实的世界，而不是影子的世界，于是，他返回洞穴告诉其他人这个全新的发现：你们看见的只是影子！那不是真的！如果你们愿意离开这里，真实的世界就在洞穴外等着你们。

或许，柏拉图就是那个挣脱了锁链，获得自由，然后回来告诉我们关于真实世界之一切的人。无论如何，他很清楚我们也可以打破锁链，获得自由，而且阳光和真实世界也在等待着我们——它们一直在等候着我们。如果我们从爱与恐惧的角度来看，恐惧就是黑暗，爱就是光。我不知道柏拉图是否会使用这些字眼，但我想他应该会同意。恐惧是一座囚笼（洞穴），爱就是从中解放、获得自由（外面的世界）。纵观五官知觉的历史，即人类直到最近之前的所有历史，有一些多官人曾谈论、著述并且分享洞穴外世界的一切，也就是对光、爱与自由的体验。此外，我们规模最大的宗教也在通过各种方式分享这则信息，只是他们对如何脱离洞穴抱持着不同意见，而这些歧见让许多人选择留在洞穴里。柏拉图将外面的世界视为一个具有完美形式的天地，经过充分训练的理性探询，就是走出洞穴的方法。

离开洞穴的英雄，并非像顾客用餐完毕后离开餐厅那么简单。别忘了，他可是被锁链困住的。如果离开洞穴有那么容易，其他人早就离开了。只有一个囚徒有此意图与勇气挣脱锁链。如果柏拉图的故事能引起你的共鸣，如果你也渴望一个更广阔、更光明、更自由、更有意义的世界，那是因为你也是被锁链缠缚的，否则你在很久以前就会逃离洞穴了。柏拉图故事里的英雄身上有铁链缠绕，而你身上的铁链在哪里呢？是什么样的锁链紧紧地缠绕着你，让你无法摆脱自己所熟悉的经验呢？而且，或许在你读到柏拉图的这则寓言之前，你从未想过外面可能有一个更广阔、更自由、更光明的新天地。

如果你看不见自己身上的锁链，却能看见它带来的后果，你会如何挣脱锁链呢？例如，假设你发现每次有人对你说话不客气，你就会被触怒，或觉得受到轻视，你可以将自己最近受到漠视的经验与过去的经验，以及更久之前的类似经验连结在一起，一直往回追溯至你记忆所及之处。在每一个情况里，触怒你的人都不同，但你的经验却是相同的。你被囚禁在一个重复发生的经验里，因受到缠缚而只能一再重复看见它，而你的锁链在哪里呢？

想象你变得生气、不耐烦、想要报复、被拒绝或嫉妒，不止一次，而是一再地重复不休。每个人都会有不断重复的痛苦体验，例如，懊悔、罪恶感、憎恨、觉得难以承受，以及感觉有所不足等，这只是其中一些。每一次有这种经验发生，你就认为可以借着改变导致它发生的人或环境来阻止这种经历，譬如说，你和自认为造成你愤怒的配偶离婚，离开自认为造成你愤怒的工作，搬离自认为造成你愤怒的小区、国家或家庭，但是无论你改变某件事或某个人多少次，你的愤怒都会再次发作，或不会消失。你被囚禁在愤怒里，但是你的锁链在哪里？你住在一个痛苦的世界里，朋友怒气冲冲、同事怒气冲冲、你也怒气冲冲，但是你却逃离不了。

想象每一次有人提供你性的享受，而无论那会带来什么样的破坏性后果，你都难以抗拒。你可能会感染艾滋病，将疾病传染给你爱的人或毁掉你的婚姻，但是在那个当下，这些你都不在乎，因为你被性需求的锁链缠缚了。想象每一次你看见冰激凌的时候、同事请你吃甜点的时候或是朋友吃吃零食而你也跟着吃的时候，你一边吃着，一边觉得无法停止；或者每一次有人请你喝酒、嗑药或抽烟，而你拒绝不了的时候。有些人虽然也很想要改变，但却终日活在后悔、嫉妒、自卑、优越、愤怒、恐惧、憎恨或不堪承受的情绪里。有多少痛苦的情绪、执着、强迫性行为或上瘾行为，就有多少的囚笼。

觉察你的感受，走出情绪牢笼

五官感觉无法察觉你的锁链，但是多官知觉是独立于五官感觉来运作的。例如，五官感觉对于愤怒的探索可能会追溯至荷尔蒙指数、呼吸或循环系统的数字，以及许多与愤怒相关的生理变量，但是它无法找到那条锁链。一场理性的探询会将过去与目前的愤怒经验连结在一起，将愤怒前后的各种相似性、差异性与思想分门别类，但是它依然无法找到那条锁链。多官知觉能让你看见你的锁链，然而使用的方式相当惊人——你会感觉到它们。

它们不是以明显的触觉自行显露，而是通过你的身体在特定情况、在特定部位出现的感受。多官知觉能让你变成一名侦探，一直寻找你锁链的相关线索，最后，你将能够拼凑出一个清楚明晰的面貌。譬如说，你可能感到胸口一阵剧痛或紧缩、额头有压迫感、胃部有闷闷的灼热感，那就是锁链的体验。有时候，你胸口的疼痛是闷痛而非剧痛，胃部是绞痛而非灼热感，然后你的喉咙可能会有紧缩感，那是另一条锁链的体验。有时候，你的感受是舒服的，而有时候，某个部位有疼痛感，其他部位则是愉悦感。你对这些感受投以越多的注意力，特别是在你感到烦扰的时候，你对自身那独一无二、持续变化的内在风景就会越加熟悉。

不同的情境会创造出不同的感受，由于你的情境总是不断在变化，你身体的感受也一直在改变。例如，想象你在小餐馆里巧遇一位童年好友，你的心扉骤然开启，脸上露出微笑，你走上前去，渴望与对方重逢叙旧。如果你留意身体的感受，你会察觉到美妙的觉受，例如，你的胸口、喉咙与太阳神经丛（腹部）部位，都会感到放松、温暖而敞开。想象你回到家里，收到一封国税局稽查单位的来信，如果你留意身体的感受，你会注意到这时的感受与看见老友时有多么不同。国税局的信和与老友重逢两者都是意外事件，但它们在你内在制造的感受却天差地别。

要区别痛苦感受和愉悦感受（如果你知道如何监视自己的内在风景），然后认出你的锁链（它们让你痛），是一件简单的事。一开始，痛苦的感受会像是由外在情境造成，例如收到稽查通知信函等，但是过一阵子之后，你会有一个非常重要的发现，这是你生命中最重要的发现之一：你的痛苦感受会复发，但是它们的明显原因却经常改变。在你的前一次婚姻、前一个工作或居住城市折磨着你的同一种痛苦感受，无论你到哪里、和谁在一起，都会再度出现。每一次痛苦的情绪出现，你就做出和上次一模一样的反应，例如，狂怒、嫉妒、害怕、想要报复、觉得不堪承受等。如果你在发怒的时候习惯性地大吼大叫，你就会再次大吼大叫；如果你习惯性地退缩，你就会再次退缩，以此类推。换句话说，你的行为是可预测的。你的所作所为和你上次生气（或嫉妒、想要报复、害怕等）时的反应如出一辙。你活在牢笼里。

有些人困在愤怒的囚笼里，有些人是嫉妒，有些人则是报复心等。多数人都是数个牢笼里的囚徒，他们经常会假释出狱（有某些时刻不处于愤怒或嫉妒等情绪里），但是那并不持久，不久之后，他们又会沦落至牢房里，成为累犯的概率非常高。多数人一辈子都活在囚笼里，然后死在那里，至死都依然愤怒、嫉妒等。依柏拉图的用词，他们过的是一种"未经检视的生活"，即被锁链紧紧捆绑在深深的洞穴里，只能看见影子。当你将自己的愤怒、嫉妒或任何痛苦经验，归咎到你的配偶、朋友、同事、老板或宇宙头上，你就等于被锁链缠缚于洞穴之中。你的愤怒、嫉妒、报复心、恐惧和其他痛苦情绪都是你的锁链，然而，怪罪他人或环境，就和你不喜欢影子的样子或它们移动的方式，而对着影子大吼或退缩一样，一点帮助也没有。你的锁链依然根深蒂固，动也不动。

若你将焦点放在影子上，就无法看见你的锁链，而你无法改变自己看不见的东西。

人或环境会触发你的愤怒、嫉妒与恐惧，若要改变那些经验，你必须将注意力转向那个受到触发而出现的东西（你锁链的痛苦经验），将注意力从触发情绪的东西（影子）上移开。在你感到烦扰时，转而检视你的内在，而不是向外看（试图改变人或环境），如此，你便能进一步探索自己内在受到激发的事物。而直到你改变那个东西之前，你是不会改变的，你会继续咆哮、哭泣、退缩，也会继续要求道歉、觉得遭到拒绝、感到优越、感到自卑，做出各种你再熟练不过的破坏性行为。一旦你熟悉了缠缚你的锁链为何，你就会清楚知道自己到底需要改变些什么了。

直接探入情绪的源头

听来奇怪，诸如愤怒与嫉妒等囚牢，当下经常是很吸引人的。我在加州州立监狱圣昆丁举办我的第一个工作坊时，其中一位狱警是一位说话尖酸刻薄的中年女性。她说："他们就是想要吃牢饭。"根据她的评估，他们在外头无法生存，回牢房能让他们获得庇护，而她讨厌提供这样的庇护。我遇到的囚犯都被圣昆丁监狱吓坏了，然而根据统计，其中有许多人确实会再回来。理由很多，例如，旧习惯那地心引力般的拉力、社会对有前科者的不信任、没有能力找工作、遭到拒

绝等，让他们只能回到熟悉的、制度化的圣昆丁监狱，尽管
那是个令人畏惧的环境。

当你痛恨自己、认为自己有着无药可救的缺陷、不值得
爱、无法去爱、永远被排除在生命、爱与人群之外的时候，
比起细细体会身体的感受，让自己生气（或嫉妒、满怀报复
心、不堪承受等）反而是比较不痛苦的做法。换言之，在那
个当下，变得生气、嫉妒或满怀报复心，或觉得自卑而需要
取悦他人，或觉得优越而且理所应当，或暴饮暴食、饮酒、
赌博等，都比体验无力感之苦要好过多了。

让自己沉浸在愤怒、嫉妒或报复心当中，都是为了逃
避这种核心经验，而因愤怒、嫉妒或报复心而做出的各种行
为，甚至能让你逃得更远。你逃避无力感之苦，奔向一个能
暂时庇护你的囚牢，然后再投入那些甚至会将你囚禁得更牢
固的失控行为。

直接体验无力感之苦，亦即潜藏于那些源自愤怒、嫉
妒、义正词严、麻木不仁的破坏性戏码底下，而表现于
身体的痛苦感受，能让你直接探入这些经验的源头。若
你能鼓起勇气、运用技巧，直接去体验那份充斥于你整个
人生的最主要痛苦，那份你为自己制造出来的、导致每一
个破坏性结果的折磨，就不会再有任何妖魔鬼怪能恫吓你
了。[1]那么，你生命中最重要的事，将会是以新的觉察力
做出一连串选择。如果你已经不再需要逃离那些从出生以

来便一直在折磨你的自我厌恶、自我憎恨与绝望感，不再受到它的控制，你会选择什么呢？这是你生来就必须提问并且回答的问题。这是一个持续不断的神圣探问，它将会在你开始尝试走出洞穴、迎向光明的路途上，填满你的生活。

打破锁链有赖你打破旧习惯、扬弃你对自己和他人的旧评断，尝试一些不同的意图与行为。它需要你好好检视自己的愤怒、恐惧、狂暴等在特定情境下被诱发的动能，然后决心改变，而非一味地认为自己天生就是爱生气、爱嫉妒，而且永远就是这副德行。它需要你鼓起勇气去体验你所有的感觉，一刻接着一刻都这么做。当特定情境出现时，你不需要被囚禁在愤怒或其他难受的情绪里，你可以打破锁链，然后离开。

柏拉图故事里的英雄就是这么做的。他将洞穴、火和那些影子全抛在脑后。当你体验身体的痛苦感受时，若能够在每一次"适当应对"（有意识地做出选择），而非表现出无意识的"情绪化反应"（咆哮、哭泣、退缩、暴食、赌博等），锁链的力道就会减弱。当你能够再度选择适当应对而非无意识反应、能够创造出建设性而非破坏性后果、能够选择一个你愿意负责的结果、能够创造健康与喜悦而非痛苦与失调时，它的力道将会进一步削弱。到最后，你便能打破它，而迟早，你会以这种方式打破你所有的锁链——通过一个接着一个的选择。

那就是脱离洞穴、获得自由的方法。

---

① 原文注：要发展体验你内在的"锁链"这项技巧，我建议你
阅读由我和我的灵性伴侣琳达·弗朗西斯所著的《灵魂之心》
一书。这本书解释了经验上的情绪觉察，帮助你一步一步地
创造出这份觉察力。请务必进行书中的练习。如果你只是阅
读内文，你读完这本书时会知道很多关于情绪觉察的事，但
是你依然无法在情绪上有所觉察，这对你没有帮助。

6　无意识模式：导致破坏性结果的互动惯性

一切情绪的选择都操之在你

想象自己是一个团队的指导教练，要参加一个名为"人生"的比赛。你有数名队员，但是一次只能派一个上场。此刻在场上的选手，就是代表你出赛的人。无论该选手在做什么，都仿佛是你自己在做。如果该选手优雅又有风度，你就会看起来优雅又有风度；如果那名选手粗鲁又自私，你看起来也会是这个样子。你的每一名选手都是世界级选手，其中有一名是愤怒专家，无论发生什么事，都能激怒"他"。"他"总是不断在叫嚣、退缩、为了某事迁怒他人。他不需要暖身，总是蓄势待发，随时能上场，你一叫他的名字，他立刻能将最顶尖的愤怒带到赛场上。另一名选手是嫉妒，而另一名总是想要报复。你的队员名册很长，另一名选手是耐心，没有什么事能让他失去耐性，每当你呼唤他的名字，他无论如何都能将无限的耐心与耐力带到场上。另一个是感谢，不管发生什么事，他都心存感激。另一个是满足，另一个是关怀，其他则是仁慈、鄙视、不耐烦、觉得不堪承受、焦虑等。每当你想要展现满足、关怀、仁慈、鄙视、不耐烦、觉得不堪承受或焦虑，你可以呼唤他们的名字，放心地由他们为比赛带来一场完美的演出。

　　你的责任是在每一刻选择派哪一位选手上场。你可以和其他人讨论，但是你自己必须做出最后的决定，而且无论你选择哪一位，都必须为其结果负责。如果你选择展现愤怒，你就会体验到愤怒的结果；如果你选择展现仁慈，你就会体验到仁慈的结果，依此类推。你的选手在赛场上创造的结果永远意义重大，因为每一名选手都是他所擅长的领域里最优秀的，你永远都在将自己所拥有的最厉害的嫉妒、仁慈、鄙视、耐心、报复心或感谢派出场。赛场上永远不会空无一人，总是有一个选手在上面，尽全力表现。你的所有选手都兴致勃勃地想要上场大展身手。

　　你的选手总是尽力呈现最佳表现。因此，举例来说，当你想要表现愤怒时，他会尽力制造出愤怒所能带来的最佳结果——孤立、寂寞、肤浅的关系等。你无法阻止自己去体验你的选手所创造的结果，因为总是会有一人在场上。然而，你对那些选手越是能够观察入微、密切注意到他们会创造出什么样的体验，你的教练指导技巧就会越高明。例如，刚开始的时候，表现愤怒或许是你最钟爱的选择，但是一段时间之后（有时是过了很久之后），你开始尝试表现耐心，或者嫉妒，或者鄙视、感谢，同时也注意到你的选择所带来的不同体验。

　　你身边的每一个人也都是教练。和你一样，他们也不断在选择该将哪一名选手派上场。他们的选手从不会出现在你的赛场，你的选手也不会现身在他们的场合。你会看见他们选择的选手，他们也会看见你的选手，但是他们的选手只会出现在他们的赛场，而你的选手也只会出现在你的赛场。譬如说，你附近的一个教练可能想展现愤怒，这对你的一些选手来说可能是件特别刺激的事。你板凳上的愤怒、憎恨与优越感可能会跃跃欲试、想要上场一展身手，而且会在你面前大力推荐自己。

现在，我们假设你已经对自己团队里的所有选手有所认识了，但不可思议的是，许多教练却并非如此。多数的教练认识团队里的部分选手，但并非全部都了如指掌。你所认识的选手总是在等着你叫他的名字，而那些你不认识的，总是会利用你的缺乏觉察，在自己高兴的时候径自跳上场。这种情况仿佛你暂时没有觉察到比赛的进行（这称为无意识），但比赛却依然继续进行。无论你是否觉察到它，它一样不断在进行。你的其中一名选手总是会在场上，总是尽力展现他最好的一面，总是在为你创造出什么结果。

为自己的情绪负责

那就是为何有些人经常生气、嫉妒或怀恨在心、评断自己或他人、爱说闲话等，因为他们尚未完成教练的学习功课。某些选手上场比赛时，他们仍无法觉察到这件事。举例来说，当另一个教练选择派愤怒出场（或是没有觉察到他的愤怒选手已经跳上场了），你的愤怒（或是你没有觉察到他）就会自己跳上场，开始全力表现。如果这件事发生时，满意这名选手在场上，他就会被推到边线，然后由愤怒开始主导整场比赛。

你对自己的选手认识得越多，对赛事的掌控度就会越高。你若能认识自己所有的选手，并且熟悉他们的一切行为举止和他们制造的结果，就能呈现一场最佳的赛事。你所有范围里的各式各样能力都听令于你。然而，在深入认识这些选手的过程中，你可能会决定永远不再派其中一些选手上场。事实上，你想要让他们从团队里退休。如果你发现某些选手所创造的后果总是让你体验到痛苦，那么你会开始避免派他们出场，并开始选择制造不同结果的选手。如果你发现某些选手创造的结果总是喜悦的，那么你会开始更加频繁地派他们出场，最后，只有他们会成为你想派出场的选手。无论其他教练如何指导比赛，你都只会选择那些能创造你想要的结果的选手上场。

你决定让他们退休的选手并不会心甘情愿地离开团队，他们已经习惯在自己想要的时候上场出赛。在你有所觉察之前，他们已经跳进赛场了。你根本来不及反对，他们就已经主导了全局。在你觉察到他们之后，他们会强硬要求展现自己。你越是坚持选择其他选手，他们的要求就越坚决，不肯退让。如果那名选手是愤怒，他就会变成暴怒；如果是嫉妒，他的嫉妒会更加猛烈。让这些违抗命令的选手上场表现是件很诱人的事，如此一来，就不用去感受他们强烈的嫉妒、暴怒、报复心等，那是很难受的。然而，当你遭遇到他们，他们在场上制造的结果永远是令人痛苦的。

你要不就是在没派他们上场时，面临他们的嫉妒、暴怒、报复心等所带来的痛苦；要不就是派他们上场，然后面临他们制造的后果所带来的痛苦。经过几个赛季的教练生涯之后，你的经验会告诉你，没有派这些选手上场时虽是沉痛的决定，但他们在场上为你制造的痛苦更加巨大。你可以暂时躲避他们的痛苦（通过选择一再派他们上场），但是你一旦派他们上场，结果都是为你带来更多难熬的体验。最后，你将会发展出一种能力来面对这些难缠的选手，并且告诉他们一则消息，而他们会铆足全力去做一切事情来避免听到这件事，那就是："你今天不上场。你要坐在板凳上。我会派仁慈、耐心、感谢或欣赏上场。"（或任何能为你创造建设性的、让你获得美好感觉结果的选手）

你越是能拒绝派那些制造破坏性与痛苦结果的选手上场，他们的反对就会越激烈。他们会气得猛跺脚，在场边大声咆哮、口出秽言、贬低你，刻薄地批评你、声泪俱下、做尽一切能使你从比赛中分心的事，以说服或操弄你再度派他们出场。但是若没有上场的机会，他们对比赛就会开始生疏。

这不会迅速发生，但是肯定会发生。他们会因为缺乏练习而能力变弱，注意力也会开始涣散。他们会继续强势地坚持他们的存在，而且通常会持续一段时间，但同时也会逐渐失去力量和技巧。他们会渐渐丧失恫吓人与令人分心的能力，即使他们依然会带来吓人的痛苦的体验。他们所带来的恫吓与痛苦能帮助你发展出一种与他们共存的能力，能够看见、听见、感受到他们使劲想要回到场上的努力，但你却不为所动，依旧选择派其他选手上场。

这个时候，你已经开始能掌握比赛局势了，能在每一刻挑选最佳选手上场，并且在每一次选择后，为该选手制造的结果负责。

不勇于面对情绪，就只能受制于情绪

为你创造破坏性与痛苦结果的选手，那些拒绝被晾在场边、直到你觉察到他们、将他们带出场外的选手，就是你人格里的恐惧部分。他们每一个——愤怒、嫉妒、狂暴、报复心、焦虑、恐惧、优越感与自卑感、取悦他人或大声咆哮的需要、血拼不需要的物品、吃进不需要的食物的需求、抽烟、赌博、看色情刊物或影片、喝酒、嗑药等，全是源自恐惧。你人格里的恐惧，若要列出一份清单，将会和你的痛苦情绪、执迷、强迫性行为与上瘾症的清单一样长。这些全都有三个共通点：

1. 他们表达出恐惧；

2. 他们是痛苦的体验；

3. 他们制造出痛苦与破坏性的结果。

他们对你的灵性发展也是极其重要的。

你人格里根基于恐惧的部分，就是你生来必须疗愈的地方，而那正是你通往灵性成长的途径，而非障碍。你不可能在灵性上获得发展，却依然维持着报复心、暴怒、嫉妒、困在性上瘾的能量流里、不停地狂吃或觉得受不了等。只要这些选手能够径自决定（未遭到你的阻止）何时上场表现，你就无法获得灵性成长。你可以静心、祈祷、观想、获得启发、阅读经典，但是如果你的愤怒、嫉妒、报复心与恐惧（譬如你的义正词严、你的评断和想要他人同意你的需要）依然在你的觉察范围之外，更不用说在你的控制之下，他们将会随时在你生活中爆发，制造出破坏性与痛苦的后果。而每一次你遭遇到这样的结果，你人格里的恐惧部分就会再度介入这场赛局，甚至制造出更多痛苦体验，没完没了。佛教徒将这种过程称为"轮回"、苦海或是生命之轮。

痛苦的经验会无止境地激发你人格中的恐惧部分，而这又制造出更多痛苦经验，直到你介入为止。没有你的介入，你的生命将会机械化地开展，一如既往，从一个痛苦经验进入另一个痛苦经验。你看似无能为力、任凭宰割，祈求着好运到来，然后迫切渴望找到避免更多痛苦的方法，而这些其实是一个受害者的体验。换句话说，拙劣的教练并不了解他们在"人生"这场赛事里的核心角色。他们仿佛是一个被动的旁观者在一旁观看，丝毫未曾觉察自己可以选择该让哪些选手上场、不该让哪些选手出现。

灵性成长有赖于找出、体验并且挑战（选择不表现）你人格里的恐惧部分。你越是不理会他们（抑制、压抑或否认你的痛苦情绪），他们越是想要表现，你也将遭遇到更多的痛苦结果。当我初次了解到，"灵性成长"需要我去觉察我所体验的一切，包括我的痛苦情绪与各种诸如不足、丑陋、不可爱与羞耻（我团队上的选手）的感受，我感到非常绝望，觉得被打败（更多的选手）。我想要超越我的痛苦经验、跃升于他们之上、绕过他们、以静心或祈祷的方式将他们驱离，或以任何方式逃避他们的最后希望，全都粉碎了。那份领悟是我第一次瞥见自己的教练身份，而我不喜欢那样的角色。我当时依然想要依赖某人或某件事来为我移除生命里的痛苦与空虚，而且我也不想好好检视自己应该承担那份工作的可能性（真实状况）。

和那些让你拥有美好体验、能够创造健康结果的选手接触，是件令人愉快的事。他们是你人格中的慈爱部分。当他们活跃的时候，你会变得有耐心、关怀他人、喜悦、满足、和善、对他人感兴趣，并且对自己的生命心存感激。你没有恐惧的记忆,你知道你活着有一个目的,而你现在所做之事完全符合该目的。你拥有所需的一切,而你全然地投入当下这一刻。

你无法同时将人格里的慈爱与恐惧派上场。例如,派耐心出场,就会让不耐烦退到场边。你派耐心出场的次数越多,他就会变得越强大,同时让不耐烦失去力量。一段时间之后,不耐烦会开始萎缩,他的需求频率与强度会逐渐减弱,最终丧失强势凌驾你的能力。然后,他会变得微弱不堪,甚至对你不再有任何影响力。他会持续抗议自己老是坐在板凳上,但是他再也无法上场了,除非你决定派他上场。

随着你觉察到自己的教练身份,你首先注意到的一件事就是你人格里的恐惧部分有多少在团队上,以及他们上场的频率有多高,这会是个令你意外而且苦恼的发现。举例来说,如果你认为自己是一个温和又关怀他人的人,当你发现团队里的选手(人格里的各个部分)竟然有狂暴与野蛮现象时,会感到讶异不已。

有时候,一个失去觉察的教练会瞥见团队里竟有一些他意想不到的选手,遂拒绝再次正视他,因为他不想证实自己不愿意相信的事。而他越是拒绝,那些选手越是会在自己高兴时擅自跳上场,于是他就必须承受更多痛苦结果。迟早他会发现,自己的痛苦经验与自己所选择的选手之间,有着密切关联。尽管他还不想承认有一些选手会制造痛苦经验,但他会开始和每位选手安排一次熟悉彼此的会面。

要熟悉这两者之间的关联，通常需要一段很长的时间，而且是在体验过许多痛苦结果之后。但其实没必要如此。如果你了解"人生"这场赛局与你在其中扮演的教练角色，你就无须等到那些累积的苦恼与无数的痛苦结果压垮你之后，才开始探索痛苦与如何选择选手之间的关联。

多官知觉会让你清楚知道自己身为教练的角色、能力与责任。它不会要求你派某位选手上场，或创造某些结果，甚至不要求你熟悉自己的团队；它所做的反而是为你揭露你从不曾体验过的生命潜能，带给你从不曾经历过的挑战，并且给予你从不曾想象过的报酬。

7 幸福的障碍：你人格里的恐惧面向

阻碍你得到喜悦的是内心恐惧

打开百叶窗、卷起窗帘、拉开门帘，能让光照进一个黑暗的房间。但是光并非由移除障碍物所创造，它与障碍物是共存的。当障碍物消失的时候，光依然存在。灿烂的阳光扫除黑暗、根除绝望，以斩钉截铁的明确姿态呈现它所照耀的一切——有谁不曾感受过这种喜悦呢？这就是从悲伤进入接受、从无知进入真知、从怀疑进入信任、从恐惧进入爱的旅程。它是拨云见日、云开雾散，以生气焕发的色彩取代灰暗的色调。那些阻碍温暖、色彩、真知与确定的事物已经消失，而就在同一个地方，所有缺少的东西全部出现了。即使是漫漫长夜也已经走到了尽头，而那些距离太阳最遥远、处于深深黑夜里的人们，也会在隔天正午处于最接近太阳的位置。遮蔽阳光的障碍物来来去去，太阳光却持续存在。

努力创造喜悦正如同努力创造阳光，不仅不可能，也没必要。从黑暗到光明的旅程有无数种形式，但是每一种形式的核心都是移除喜悦的障碍后所带来的蜕变。阻碍你获得喜悦的障碍，并非你自认为需要或缺乏的东西，例如，金钱、性、肯定、影响力或其他任何东西。你的喜悦障碍是你人格里的恐惧，它们需要这些东西才会觉得安全、觉得有价值。是恐惧阻碍了你体验喜悦，一如百叶窗和窗帘阻挡了阳光射进房间。

米开朗琪罗（1475—1564）是意大利文艺复兴时代最伟大的人物之一，或许也是艺术史上最伟大的雕塑家。他最知名的作品之一就是大型雕塑《大卫像》：一个年轻的以色列人准备好要对抗巨人歌利亚的模样。大卫手上只拿着一副弹弓，另一只手拿着一颗石头，脸部表现出警觉与紧张的神情。他年轻、强壮的身体呈现出健美的线条。我曾见过这座令人惊叹的雕像。他的皮肤光滑，肌肉纹理雕刻得非常细致，卷发与忧虑的脸庞栩栩如生，着实令人难以想象这仅仅是石头与雕刻技巧的结合。

米开朗琪罗在手上的凿子落下之前，就已经在这块巨大的大理石中看见了这副美妙的形体，然后带着满腔热情，努力将俘虏了这具形体的石头移除。这就是米开朗琪罗的雕刻经验。他看见了一副囚禁在石块里的躯体，而通过排除多余的石头，他释放了它。他在二十几岁的时候完成了他的第一件作品《圣殇》，那或许是西方世界最知名的雕塑作品，现在依然存放于原来的地方——梵蒂冈的圣彼得大教堂。从那时起，直到他八十多岁的时间里，这个聪明且富有创造力、饱受折磨、脾气暴躁的男人，从石头里释放了一些堪称人类艺术史上最优雅、最具内涵的人体雕塑。或许当他用力敲打着那些囚禁它们的石块时，他是想要毁灭那个囚禁了他的年少，让他死在其中的牢笼。随着年纪渐长，暴躁的脾气并未改变，个性也没有变得较为温和。由于不满意一件作品，他将怒气转而发泄在最后的几件雕塑作品之一、也是他为自己坟墓雕刻的《翡冷翠圣殇》，他将耶稣基督雕像的一条腿、一只手臂以及圣母玛利亚的手以铁锤敲断。孤独、哀伤、愤怒始终与他为伴，贯穿着他的一生，直到他离世。

米开朗琪罗的一生大多活在艺术家的痛苦刻板形象里：孤立、喜怒无常、内心煎熬。而现在，这些特质已经被一些对艺术家的更正确观感所取代了：觉察、负责、直觉的、有足够的勇气完全地活在当下、有足够的智慧清楚看见自己与他人，并且有足够的慈悲关怀所有人。你在自己内在看不见的，你会在外在看见。你鄙视他人的贪婪或色欲熏心，而那正是你否认自己所存在的内在特质。你为自己的悲伤而怪罪他人，那是你不想处理并将之推开的内在情绪。你奋力想要拆除眼前的牢笼，其实反映的是你内心那座囚禁你的真正牢笼。直到过世，米开朗琪罗都持续不断地在移除那些囚禁了大理石块内在美的石头；但是，直到过世，他依然是自己的愤怒与严苛评断的囚徒。他在一封信里这么写着："我……没有朋友，也不想要任何朋友。"他的自我批判是毫不留情的，而且随着他年纪的增长而益发激烈，以致他后期的雕刻作品鲜有完成的。

在这难以相处的人格里，同时存在着神性的敏感、慈悲、智慧与知觉，以及一个天才的才智，这些都大量反映在他的诗作与通信里；然而，他的人生却几乎没有任何敏感的人际关系与慈悲的作为。他独自居住，晚年甚至更加与世隔绝，而且一生中经常与仆人、艺术家同伴（例如，达·芬奇）和教宗争吵。他在大理石里看见的美也存于他的内在，但是他从未像释放石头里的形体那样，将它们揭露、展现出来或与人分享。他不曾挑战过自己的愤怒或想要反抗、挑剔、强烈主张自己的需要。他选择了孤立而非伙伴关系、轻蔑而非欣赏、争吵而非沟通。换句话说，他选择了恐惧，而不是爱。这样的选择并非总是一种显而易见的抉择，但那依然是一种选择。

恐惧和爱，你选择何者？

诸如咆哮、迁怒、评断、寻求报复等看似无法抗拒的冲动，就是你人格里基于恐惧所产生的经验。它们之中有些感觉是如此熟悉，以致你会觉得那就是"真正的我"。例如，"我很生气，我一向爱生气，我也永远会生气。"还有，"我从不打断人说话，我总是让他们先说、先做、先决定。"这些都是你人格里制造出破坏性与痛苦结果的部分，当你遭遇它们时，就重新激发了那些同样的部分，然后你再度变得怒气冲冲、大吼大叫、觉得自己微不足道、拖延等。你可以选择不大吼大叫、不拖宕，如同米开朗琪罗可以选择不争吵、不退缩——如果你在当下觉察到这样的可能性的话。

多官知觉能让你见到这样的可能性，也就是在你人格里的恐惧和慈爱之间做出选择。你身体的特定部位所感觉到的痛苦感受、充满批判的思想，以及你想要操弄并控制外在环境的意图，全都在告诉你，你人格里的恐惧部分正在活跃。若能在烦乱的时候选择人格里的慈爱而非恐惧，就能为你释放出喜悦，这情况就如同米开朗琪罗的凿子与木槌释放了他在大理石块里看见的美丽。你人格里的恐惧部分（你的恐惧）就是石头，你人格里的慈爱部分（你的喜悦）就是那份美，在你将它释放之前，它会一直被囚禁。

你人格里的恐惧能创造外在力量。当你允许恐惧为你说话或行动，它就会制造令你痛苦的结果。例如，我多年来都带着鄙视、好评断与嫉妒的心态将同事推开，这也在我们之间制造出令我难过、困惑的距离感。优越感一直是我用来掩饰痛苦以避免面对自己的方式之一，遮盖我惧怕生命与人群的痛苦。我会挑他们的毛病、批评他们的不足，觉得自己更好。我被囚禁在恐惧里，犹如"大卫"被囚禁在大理石块中，直到米开朗琪罗释放了他。

性，是我用以掩饰无力感的另一种方式。无论我的性生活有多么活跃，我永远渴望更多；即使我已经精疲力竭，依然觉得不足。我会想象自己是个很有男人味、受人崇拜、十足性感的人。而我在性爱上的邂逅和对它的疯狂追求，阻碍了我去承认自己其实觉得自己很丑陋，是个有缺陷、不可爱而且无法去爱的人，更遑论去体会这一点了。每一次在性爱上的邂逅，都能让我暂时从这些痛苦的经验中解脱，然后再次展开追求。一如既往，就像大卫被囚禁在大理石里，我无疑被囚禁在人格的恐惧里，只是没有任何雕塑家来释放我。

你人格里的恐惧部分，最多只能让你暂时舒缓无力感之苦。例如，如果你渴望一部新车（或新衣服、新房子、新伴侣等），你会在获得它时感觉好极了。有所匮乏与无价值的感觉消失了，你觉得自己更有吸引力、更加充满活力、更机智、更性感。你的绝望、沮丧、渴求、欲求与需要，消失无踪了。可以说，只要将你人格里的恐惧想要的东西给它，为你带来了阳光，然后云雾就会消失，这就是快乐。你觉得从痛苦中解脱的感觉棒极了，但是这样的解脱并不持久。如果你的新车遭窃、你的新房子被白蚁攻占或是你的新伴侣不想跟你在一起了，阳光会瞬间消失，你的天空会再度变得愁云惨淡。当你人格里的恐惧部分获得它想要的东西时，无力感之苦会立刻消失（快乐）；而一旦它无法获得想要的东西，或失去所拥有的东西时，痛苦会立刻回来（快乐消失）。

这样的快乐取决自外在于你的事物，那是你无法控制的，但你人格里的恐惧却不断想要掌控它，这就是追求外在力量。当它们成功，你就快乐；当它们失败（一段关系瓦解、你丢了工作、你被一名店员激怒等），你就不开心（无力感之苦重返）。

你人格里的慈爱部分很满足、心存感谢、有耐心、懂得珍惜、关怀他人等。它们对别人感兴趣，不会随便评断他人或自己。它们不会受到恐惧的监禁。你对它们的体验越多，就能体验到越多的喜悦。你若能持续体验它们，就能持续体验喜悦。日出、日落、海洋、山岳、另一个灵魂的美、一次碰触里的温柔、一抹微笑散发出的温暖，这些若能不受到恐惧的扭曲，就是喜悦的经验。喜悦就是知道自己为何活着，对活着感到感恩，那是在无止尽的当下感到圆满。宇宙与喜悦一同唱和。你若能将自己从人格里的恐惧中释放，你也会一同加入唱和。

喜悦是恒久的，快乐是暂时的

在你人格里的恐惧活跃时，若能根据人格里的慈爱来行动（例如，在想要大声怒吼时选择倾听，因为你不想受到愤怒的控制），就能挑战那些恐惧。而你越常对它们提出挑战，它们就越无法控制你。你依然会生气，但是你越常挑战自己人格里表现为愤怒的恐惧，你因愤怒而行动或说话的冲动就会降低，也会有更多的自由去根据你人格里的慈爱来行动或说话。最终，你人格里表现为愤怒的恐惧，对你的掌控将完全消失。

要挑战你人格里的某个恐惧，你必须去体验无力感之苦，同时去选择有别于它习惯选择的东西，例如，选择不怒吼、不轻蔑或不在情绪上退缩。每一次你挑战自己人格里的某种恐惧，就是在你的囚牢墙上凿出一块缺口。米开朗琪罗并非只是随便吹几口气就创造出一件伟大的雕刻作品，他一次一槌、日复一日，经常是昼夜赶工地一次用凿子敲掉一些大理石才完成了作品。你也将以同样的方式释放你的喜悦，你的意图就是你的凿子，你的意志就是你的木槌。你每一次选择根据人格里的恐惧来反应，都只是让囚牢的墙面保持完好无损；而你每一次选择根据人格里的慈爱来行动，就是让大理石掉落一些碎片，让囚牢的墙变得更薄，一步步揭露出你内在的喜悦。

你越能够减弱你人格里的恐惧对你的控制，就越能够体验到喜悦。没有人能替你做这件事，你也无法为别人做这件事。当你选择控制或操弄他人（追求外在力量），你只是在让禁锢你喜悦的大理石变得更牢固；而当你选择改变自己（创造真实力量），你就能释放它。你释放的喜悦越多，就越能够成为你经验的一部分，最终只有喜悦留下。

喜悦是恒久的，快乐是暂时的。喜悦依靠的是发生于你内在的事，快乐依靠的是发生于你外在的事。要为你的生命带来喜悦，你必须让自己成为一名艺术家，让自己的生命成为你的艺术作品。

你无法创造喜悦，并且你也无须这么做，有个更简单的方法——你只需要移除妨碍喜悦的东西就行了。当你生命中的百叶窗、窗帘、遮蔽物（人格里的恐惧）打开了一点点，让你得以向外窥探（尝试创造真实力量的实验），喜悦将会自己进入你的生命之中。而当你将它们全部拉开（挑战你人格里的恐惧，直到它们对你的控制瓦解），喜悦便会像阳光一般涌入你的生命里。喜悦或快乐是一种选择，它在每一天、每一个小时，有时每分钟里就会发生许多次，只有你能选择要在自己感到愤怒、嫉妒、想要报复、觉得焦虑的时候，挑战并治愈你人格里的某种恐惧（适当应对），或是选择强化它（情绪化反应）。唯有你能在自己有耐心、觉得感恩、关怀他人或懂得珍惜的时候，选择培养并发展你人格里的慈爱（依此行动），或选择削弱这些部分（忽视它）。

快乐要求你改变环境，包括改变他人。

喜悦要求你改变自己。

8 真实的力量：放下对外在事物的操控

真实力量的体验

你越常培养人格里的慈爱并挑战恐惧，你的人格就越会与你的灵魂趋向一致。最终，你人格里的那些恐惧会失去对你的控制力，而那些慈爱将能够无限地创造。恐惧会消失，你的经验会变得有意义。你的注意力将会放在那永恒当下的无尽奇迹之中。你的关系会发生蜕变，你和他人的"连结"会如同你和胳膊、手掌和心的"连结"一样，你是它们的一部分，它们是你的一部分。当它们受伤的时候，你可以感觉到；而当它们是健康的，你也是强健的。

谦虚、清明、宽恕和爱取代了恐惧，世界成了一个友善的地方。你能看见他人的挣扎与灵性潜能，也能看见他们生命里的复杂与丰富样貌，即使他们自己并未觉察到这些。优越感消退，欣赏与感谢生起，自卑感消失了。你的灵魂能量轻松地穿透你，进入地球学校，如同音乐家的气息穿透笛子一般。无论是你或他人，都分辨不出你人格和灵魂的分界线在哪里。感恩、喜悦、意义与祝福，填满了你的每一天。你的生命季节来来去去，带领着你向前进，一如河流返回大海。

你会听从直觉，有意识地选择你的意图，带着一颗力量饱满的心向前进，行动时不再执着于结果。你不再自认为知道宇宙运作的方式，或质疑根据一己选择而塑造自身经验的智慧与慈悲。你尽力做好自己的本分，然后信任无形的指引与导师会帮助你。你为自己的选择负责，然后努力以慈悲和智慧为生命做出贡献。每一刻都是完整而圆满的。你以意与体验的角度来思考，而非对与错、好与坏、幸与不幸。你知道，你的经验涉及了"业"的因素，因此，你并不会将它视为针对你个人发生的事。你毫无期待地付出，也毫无保留地接受。你所需的一切都已经给了你。这就是真实力量。

许多人对真实力量有过自然生起的短暂体验，例如在烹饪、照料孩子、在画布上作画或照顾父母的时候。真实力量的体验是你的生命能为你带来的事情当中，最令人心满意足的，它们是人类经验里的甘露。你活在宇宙的完美之中，完全投入并且觉察，而这些经验可以有意识地创造出来。创造它们，就是我们新兴进化过程里的必要条件。

随着灵魂在数百万人的觉察之下变得清晰可见，人类的经验里将发展出一个新的重力中心。真实力量的创造，取代了外在力量的追寻。通过和谐、合作、分享与对生命怀抱敬意等方式让人格与灵魂一致，已逐渐成为我们的新标杆，指引着我们在人生中前行。若没有这颗新出现的明星，那么潜藏的暗礁、狂野的海浪、台风与不需要的静止，将会使我们耽搁、分心，使我们远离共同的目标，即过一个清晰、谦卑、宽恕与爱的生活。愤怒、嫉妒与报复心的暴风会撕裂我们的风帆、折断我们的桅杆，让船只支离破碎。冷漠、死气沉沉与绝望会让它随波逐流。优越感与自卑感、自认理所应当与取悦他人的需求，会将整副罗盘与船只扯离航道。

从求生存蜕变到灵性成长

正在重塑人类经验的重大意识蜕变，揭开了生命更浩瀚的样貌（无形界），提供我们一个新的潜能（真实力量），指出了一个新的进化必要条件（灵性成长）。没有人能测度这件事到底有多么重要。除了人类的起源之外，没有什么事能与它相提并论。一个追求外在力量的五官人种（借由操弄与控制环境求生存），正在成为追求真实力量（通过让人格与灵魂一致而进化）的多官人种。

虽然这种蜕变十分壮观，但是它并不会让你变得有耐心、变得关怀他人或有爱心。如果你在成为多官人之前，生活就饱受愤怒的烦扰，它将会在你成为多官人之后持续扰乱你的生活。如果你在成为多官人之前剥削他人，你在成为多官人之后也会继续压榨别人。如果你饱受嫉妒的折磨，多官知觉并不会减轻你的磨难。多官知觉能让你看见更多、体验到更多，但是它无法将你从一个没有力量的人格转变为拥有力量的人格，因为那是你的责任。

这是第一次，人类的进化必须包含有意识的选择。更确切地说，是你的有意识选择。只有你，能选择在烦乱时体验无力感在你体内带来的痛苦，例如，感到不堪承受、不足、愧疚或怨恨等，并且去挑战你人格里的恐惧部分（适当应对），而非表现出情绪化反应。只有你，能做出不同的健康选择，不饮食过量、抽烟、看色情影片或刊物、血拼、赌博、喝酒、滥用药物，或从事愚蠢的性行为。只有你，能选择利用你的情绪获得灵性成长，包括最痛苦的情绪，而非以执迷不悟的念头、强迫性的行为与上瘾行为来掩饰它们。

多官人的挑战来自灵性成长，一如五官人的挑战来自求生存，然而它们的方式是不同的。求生存不需要有意识的选择。夜晚在老挝的丛林里巡逻，我不需要选择生存，我谨守着自己所受的训练与任务，如同一个人在波涛汹涌的大海里紧紧抓住一条救生索，所有的念头、所有的选择、所有的觉察力，完全聚焦于面临死亡的迫切感上。要挑战并且疗愈你人格里的恐惧，你必须做出有意识的选择；如果你不去挑战并且治愈它们，你就无法获得灵性成长。

多官知觉将你的选择，置于你的进化舞台与人类进化舞台的中央。意图的选择成了你的工具，你变成一位音乐家，你的生命就是那音乐。如果你听见的音符是冷漠、坚硬、不和谐的，你可以在不中断音乐的情况下改变曲调。你永远无法中断音乐，但是你可以选择音乐。如果那些音符能启发你、为你呈现美丽的视野，那么，你可以更常演奏它们。

当你跟随着灵魂想要去的方向前进，你就是为生命注入意义；而若你朝着别的方向前进，你生命中的意义就会一点一滴枯竭；若你朝着相反的方向前进，你的生命会了无生趣。你的灵魂想要和谐、合作、分享并对生命怀抱敬意，它想要你在生命中创造这些特质，成为地球学校里其他同学的一盏明灯，也让它们成为你的一盏明灯。贡献你与生俱来的天赋，亦即朝着你灵魂想要你行进的方向前进，会为你带来更多可以贡献的礼物。宇宙的创造力是取之不竭的，因此，你的创造力亦然。

你的力量足以改变世界

疗愈你人格里的恐惧并培养慈爱，能让你以自己的力量改变集体意识。与其在集体恐惧的压迫下爆炸，你可以运用自己的意识来改变集体意识。每一个伟大的灵魂都曾走过这条路，而现在，我们的进化要求我们每一个人选择这条路。我们内在的东西就在整体里，因此，我们每一个人终究要为整个世界和人类负责。你在自己身上创造的改变，也就是你在这个世界创造的改变。选择合作而非竞争、分享而非积存、和谐而非争执、对生命心存敬意而非剥削它，这些都能改变你，同时也能改变世界和人类。

"我会造就什么不同的结果？为什么我要在他人对我残忍时，心存仁慈呢？我的选择怎么可能改变世界呢？"当你问自己这些问题，其实是在剥夺自己的力量。从多官知觉的观点而言，这些问题变成了："我的选择怎么可能无法改变世界呢?"你想要等待社会出现某种"群聚效应"①来改变这个世界,因而丧失了自己的力量。你在等待的时候并不会有任何改变,你人格里的恐惧依然未接到任何战帖,集体意识里的恐惧也依然未受到任何挑战。你为了创造真实力量而非追求外在力量所做的一个个选择,每一个都会影响整体的健康状态,如同身体某一部分的健康会影响其他部分一样。

在地球学校里,没有任何一个个体与学校里的活动是分开的,即使是最令人厌恶的活动亦然。那些剥削地球及其中生命的人,是由我们想要以最少的代价,从环境、员工、工作、朋友、伴侣或邻居身上获得最多的心态所滋养的。

当你创造出真实力量,你便能够决定何者对你是健康的、何者不是;何者有助于你、何者则否。你能够决定你的哪些感受、思想与意图是源自爱,哪些是源自恐惧。你成为自己生命的权威,你的生命也成为一场持续的静心。每一个经验都提供你机会去创造真实力量,或去追求外在力量。

创造真实力量的旅程就是你生来必须踏上的旅途,只有你能决定何时启程,也只有你能将它完成,但它不是一段你可以独自一人去走的旅程。

---

① 指社会上一件事达到临界量或转折点,足以让群众的行为发生改变。

灵魂疗愈摘要 1
为什么我们需要"灵性伴侣关系"?

我会在本书每一部分结束时或我觉得有用的地方,放上"灵魂疗愈摘要"。这些摘要会扼要地说明之前的内容,有时会提供一些前面章节没有出现过的观点,有时也会引导读者进入接下来要探讨的内容。希望你觉得这些摘要对你有帮助,它们的目的是让书中的观念与例子更实用、更切题。我的其中一位灵性伴侣是一家大型电子公司的资深执行长,他会在工程师团队兴奋地向他提出一个新概念或产品时,告诉他们:"用我妈也能懂的方式解释给我听吧!"我希望这些摘要能帮助你向你母亲(或你的配偶、孩子、朋友、同事等),解释自己所学到的内容。

为什么我们需要"灵性伴侣关系"?

- 人类意识已经改变了。
- 我们可以体验到五官感觉以外的东西。
- 这就是多官知觉。
- 在几个世代之内,每个人都会是多官人。
- 这是一个重大的改变,它从未在整个人类物种发生过。
- 我们可以同时感觉到自己既是人格,也是灵魂。
- 我们可以知道过去无法知道的事情,例如意义、信息、过去事件发生的原因等。

- 每个人都觉得自己没价值、有缺陷，这是件痛苦的事。
- 意图非常重要，它们会创造结果。
- 我们对自己创造的东西要负起责任。
- 快乐取决于发生在我们外在的事。
- 喜悦取决于发生在我们内在的事。
- 我们人格里的某些部分让我们觉得没有价值、有缺陷。
- 我们可以改变那些部分，而非改变他人。
- 这就是创造真实力量。
- 我们每个人都有责任创造真实力量。

地球的生命基本规则已经改变了，而且这些改变是永久的。旧有的做事方式已经不再适用，或说它们仍然可用，只是会制造出我们不想要的结果。建立关系的旧方式也已经不再可行了。崭新的意识为我们带来了一种新形态的关系，它和旧形态的关系大不相同，如同新的多官意识之于旧的五官意识一般。这种新形态的关系，很快会在本书与你的人生中接着出现。

选择从慈爱或欣赏的角度看待自己与他人

Part 2

什么是"伴侣关系"?

9　非典型友谊：鼓励你检视人格里的恐惧面向

朋友关系的连结，贵乎深刻持久

　　一段成熟的友谊，是五官人的终极成就。这样的关系有别于所有其他立基于五官知觉的关系形式，包括婚姻与家庭关系。成熟的友谊是从一段发展过程中成型的，它没有快捷方式，换句话说，它需要的是付出、相互的关怀与承诺。泛泛之交的友谊很常见，也很短暂，它们是一种基于有限的观感与了解，而对新朋友或一群朋友所产生的相互吸引经验，例如，家长们在家长会上相遇、男性在体育赛事中遇见同好、或学生在课堂上认识同学，然后彼此之间产生一种让所有参与者感觉更好、更安全的吸引力。制造这种安全经验的总是一些共通点，例如，共同的宗教信仰、运动嗜好、或遭遇相同的育儿状况等。经常还有更大的共通点存在，譬如种族、国籍、性别、文化，以及经济状况。一个富有的白人商人和一个深肤色的新移民农人发展泛泛之交的友谊，会比和一个富有的白人商人更少见，反之亦然。

　　肤浅的友谊并不持久，它们来来去去，而且通常变化迅速，会被其他同样不深刻的关系所取代。发现某个交情普通的朋友是一名男同性恋或女同性恋、是民主党支持者或共和党支持者、贫穷或富有等，通常就足以终结这段关系。当泛泛之交对彼此的了解越多，和一开始信息不足的观感所呈现的形象，差别就越大。新的觉察力会让一些泛泛之交感到不自在，距离感也会开始在彼此之间浮现，双方想要维持这段关系的动能会逐渐减少，终至消失。朝向亲密与开放关系的动力，被一种更为正式、更无意义的互动所取代。一段肤浅空泛的友谊比一般的友善行为更高一层，那是一种对友善行为的相互欣赏，并且因为共通经验的出现而受到强化，这样的经验能让这份关系显得安全，而且能够互相支持。

泛泛之交的友谊可比拟为儿童之间的互动。孩子们很容易因为玩具是谁的、谁得到较多糖果这种事，而对彼此感到不高兴。他们会一起奔跑、一起玩耍，直到发生一场误会，然后触动了愤怒、失望或恐惧的情绪。之后他们的行为会迅速改变，而且转变经常十分剧烈。这种情况也会发生在成人之间，尤其是当他们发现彼此出现了意料之外或他们不想要的差异时，例如，其中一人在喝了酒之后会拉高嗓门、变得很粗鲁，而且他经常酗酒；有人抽烟，而且身上都是烟味；或是（或不是）对方是个素食者等。泛泛之交的友谊在最好的情况下会回归友善行为，在最糟的情况下则会转变为彼此互相批评、敌视。每个人的人生都充满了短暂无常的泛泛之交式友谊，而每一段关系都是因为受到同构型提供的安全感所吸引，都是对同构型的一种试验性探索，一种想要在同构型里找到庇护的尝试。

当一段友谊有一个意外差异与新的观感出现,而想要持续这份连结的欲望大于想要结束它的欲望时,它就会开始迈入成熟阶段。例如,他前来探视你临终的母亲,或在你陪伴母亲时自愿为你采买日常用品,或为你找到了你想要买给孩子却苦寻不着的玩具。这些都是很奇妙的举动,是将泛泛之交的关系转变为一段真正友谊的新元素。一个人很关心对方、积极主动地支持对方,而如果对方敞开心胸接受,这份支持就打开了一道大门,让你们进入彼此的生活当中,即使那可能是短暂的。支持对方的幸福安康这样的选择,创造出一种过去不曾存在的潜能。

这份由一方给予并获得接受的支持,或许看似很小,例如,一张生日卡片或愿意绕路开车送对方一程,但是其背后的意图却很大。意图区分了爱和恐惧,将爱注入这份关系里,即使这位朋友并未从爱彼此的角度来思考。对这种类型的朋友来说,见面不再完全是无意识发生的,例如在咖啡店偶尔遇见或在工作场合碰到,他们的见面会是事先计划的、充满期待的。你们会打电话给彼此,开始以彼此都自在的方式分享自己的事,你们开始认识彼此。

重新定义“真正的友谊”

我们的孙女是排球队的一员,球队每天都有练习的行程。琳达和我会在我们拜访她时去看她比赛，也在比赛场合见过一些队员的父母。我们彼此的互动大多符合友善行为的例子，但是有些正发展为泛泛之交的友谊。我们很乐于在比赛场合遇见一些家长，他们也很开心能见到我们。每一段泛泛之交的友谊都有潜能逐渐成熟，形成一段更持久的情谊，而这只需要其中一个朋友将对方的需要当成和自己的一样重要——至少是能暂时如此。

泛泛之交彼此越常相处，他们对彼此的了解就越多。例如，他们会看见彼此的愤怒、嫉妒或闲聊的需要，也会看见他们的温柔、敏感或缺乏这些特质。然而，他们对彼此的关怀却能让他们接受这些行为，虽然他们之前可能会拒绝接受。他们在彼此身上看见了挣扎与成就、脆弱的时刻与充满防卫心的时刻、开放与喜悦的时刻。随着他们对彼此的关怀逐渐加深，他们也更了解对方的恐惧与渴望、价值观与偏见。他们之间的差异与共通之处变得更加清晰了。他们和对方一同体验挑战和喜悦，最后他们会接受彼此。在某些例子中，则更加会珍惜彼此。他们会支持对方，时间或距离都不会减少他们之间的亲密感。他们安住于对方的心中。

这对一个五官人的能力所及范围来说，已经是最接近"一辈子的朋友"了。然而，这样的友谊仍是受到局限的。一方突然的堕落，陷入酒瘾、药瘾、情绪不稳定或暴力，都能在朋友间制造出鸿沟。当双方的价值观改变或出现分歧的时候，即使是成熟的友谊关系也会褪色。例如，一个朋友仍是单身，是个性猎食者，另一个朋友则结婚了，将自己完全奉献给家庭，他们之间的连结依然存在，但是一段成熟友谊之间生气勃勃的体验，已经被一种感情上的执着所取代，转变为执着于一段不再存在的关系。

友谊是一种为五官人而设计、也是为其进化目的而存在的旧式关系。它让通过追求外在力量而进化的个人建立起关系、深刻的连结，产生相互欣赏与情感上的亲密感受。那是一种爱的自然表达，是为那些受限于五官知觉的人量身定做的关系形态。它和所有的旧式关系一样，能增强对外在力量的追求，它所属的互动类型，是根源于需要结合他人以完成独自一人无法完成的目标。

朋友会期待对方帮助他们避开无力感之苦，他们会在彼此悲伤的时候、庆祝成功的时候相互支持，但却不会检视悲伤与快乐的内在原因。他们只能看到物质之因与物质之果。他们会在改变物质环境这方面寻求痛苦的终结，例如，帮助朋友重建一段关系或找到一份新工作，却不会去探究制造痛苦的破坏性结果的人格面向。他们会为彼此的苦恼找到正当的理由，例如说："我不怪你生气，要是我我也会生气。"还有，"多么残忍啊，你为她做了那么多事，居然落到这样的下场！"他们会认可人格里恐惧的经验，"你当然会觉得不高兴，任何人都会。"以及，"觉得害怕（寂寞、想要报复等）

很自然。"他们会出现同理与同情的心理，例如说："我也经历了丧母。""真是糟糕，她就这样离开了！"以及，"他怎能这样背叛你！"

五官人鼓舞彼此的方式，就和人格里恐惧部分的各种经验一样五花八门。他们会提供建议（"我老婆走的时候，我……"），会试图解决彼此的问题（"你应该去见见我的医生。"），然后照顾对方（"一切都会没事的，等着看就好了……"）。朋友之间会以成与败的角度来思考，而非因与果、选择与责任。当一方失败时，其他人会安慰他、鼓励他，却不会帮助他从经验中学习；而当他成功时，他们会和他一起庆祝，却不会帮助他从经验中学习。他们经常对意图毫无觉察，包括自己的或他人的意图，因此，他们无法连结意图的选择与结果之间的关联。好运气（朋友会为此庆祝）或坏运气（朋友会为此悲叹）会在缺乏明显原因的情况下，造访每个人——祝福或诅咒会随机降临，而无论那位朋友是受到祝福或诅咒，都没有明显的关联。

朋友的关系局限于个人观点，也就是说，他们会将彼此的互动视为是针对个人的，他们会因对方的行为而觉得受到冒犯或感到欣慰。而除了归因于外在境况之外，他们不会去探究冒犯感或安慰感的真正根源，也不会考虑业力的因素。他们要不就是赞成（评断），要不就是不赞成（评断）彼此。这是一个人格里的恐惧部分与其他人格里的恐惧部分互动，创造出一种受到共同思想、信念与行动所支撑的安全经验。好比基督徒彼此在一起，会觉得比和非基督徒在一起更自在；运动员彼此在一起，会比和知识分子在一起更自在等。

朋友之间相互支持，但是他们的支持和多官人要求的支持不同。朋友间会将支持视为达成目标这个过程中的协助、哀伤时的安慰、痛苦时的同情、沮丧时的同理、快乐时一同分享的愉悦。他们会期待彼此的特定行为，并在期待落空时出现情绪化反应。他们不了解也看不见自己的反应是在试图操弄对方，譬如流泪、生气、嫉妒或情绪退缩等，因此，这些情绪化反应（人格里的恐惧）的内在因素依然未受到任何挑战。朋友之间会假设情绪低落的原因来自外在，而且也会努力（互相操弄）避免触发对方的情绪化反应。譬如他们学会了运用谋略，游刃于彼此人格里的恐惧之间，尽可能不去提及会触发愤怒、悲伤、退缩或嫉妒情绪的话。他们在一起时会觉得舒服自在，也会小心翼翼地不去破坏现状，以免危及彼此都珍惜的安心感。

当朋友之间通过道歉、解释、同情或同理心来沟通，他们会变得更亲密，彼此共享的安全经验与舒适感也会加深。然而，他们人格里的恐惧并未获得认识或疗愈，因此，未来势必会再度出现情绪化反应。每经历一次情绪反应，都是对友谊（本来就只是朋友关系）的一次威胁，而非一次发现并疗愈其内在原因的机会。

既然我们已经逐渐成为多官人，友谊关系的局限也正逐渐浮出台面，变得清晰可见。五官人类的目标（求生存），不同于多官人类的目标（灵性成长）。五官人类达成目标的手段（外在力量），也不同于多官人类达成目标的手段（真实力量）。随着我们正在从五官人类过渡至多官人类，人类经验里的一切也都将出现变化，包括我们的各种关系。在这一过程中，友谊关系将会被一种新式的、灵性正确的关系所取代，那样的关系是为多官人类的进化而设计的，也是为达成此目的而建立的。

比友情更具疗愈效果的情谊

我曾经住在一个小型的山中小区，加入一个一周聚会两次的男性团体。团体里只有四个人，渐渐地，我们变得密不可分。我们珍惜彼此相聚的时光，我们会一起骑登山越野车、滑雪、健行、探索荒野。我们和彼此分享住家、一起用餐，也会打电话找对方帮忙，例如我旅行回家发现水管结冰的时候。我们会争执、和解、同情、同理、哄骗和安慰彼此。简单来说，我们分享彼此的生命，也大大丰富了彼此的生命。

当团体里的一个人搬家时，我们这个团体也随之瓦解了，但是我和他的友谊依然坚固、亲密。我觉得自己了解他，他也了解我，因此当我听见他上吊自杀的消息时，整个人惊呆了。我无法回答电话那头的说话声（来自我们团体里的其中一人），也无法将电话放下。我想吐，同时我也知道那是因为我根本无法消化自己听见的噩耗。接下来的几个小时里，我内心波涛汹涌，首先是哭泣，接着是强烈的愤怒。"你为什么要这么做？你以为世界上只有你一个人吗？你以为别人都没有感觉吗？那我们呢？我呢？你甚至连再见都没有说。"接着，我被一股哀伤的巨浪淹没，我不停地哭泣，不愿意停止，也停不下来。

就在那天的前一晚，琳达和我才参加了一场印度僧众的演出，被他们的唱诵力量深深感动。听闻朋友的死讯之后，尽管时间已经很晚了，我还是很想前往拜访他们。我们打电话给邀请他们来的单位，他们请我们过去。我们抵达时，僧众依然很清醒、精力充沛。我尽力向住持解释朋友自杀了，以及我们为何会出现在那里，虽然我自己也不知道为什么。我实在开不了口，因为汹涌的哀伤几乎让我窒息。我只能暂停一会儿，努力调整呼吸，然后重新开始说话。我说完之后，一直专注倾听的住持只对我说："既然你已经无法再为你朋友做些什么了，何不放松一下呢？你要和我们共进晚餐吗？"我完全没想到他的这番话对我有多么大的影响。一会儿，我的哀伤减轻了。他的邀请非常恰当，也观察得清楚入微。尽管一部分的我（某个恐惧部分）想要再度沉浸于哀伤之中，我还是决定留下来吃晚餐，琳达也同意这么做。

那是个对我很重要的决定。僧众带着我朋友最棒的一张照片回到印度，放在他们寺院里一年。我至今依然难忘那一顿意外的深夜晚餐，就在我最钟爱的一位朋友结束自己生命的那一天，琳达和我与二十位笑得开怀、心情轻松的同伴一同用餐。我不知道那些僧人是否以挑战人格里的恐惧这个角度来思考，但是他们的确帮助了我去挑战自己的恐惧。我依然有更多的眼泪要流、有更多的悲伤要去感受、有更多人格里的恐惧要体验，但是我学到了一个教训。我亲眼见证了我的哀伤并未使僧人感到沮丧，他们反而用他们的喜悦提振了我。此外，我也见到我的生命不需要走上历经数年的痛苦与悲伤那条路，我可以选择一条不同的路——事实上，我在那个当下就这么做了。

快活的僧人们远远不只是我的朋友，尽管我们过去从未见过面。他们给了我一种截然不同的东西，而那使人如沐春风，比友谊更具疗愈效果。他们并未安慰我（"像这样的悲剧一定令人难以承受"），或同情我（"我的兄弟今年也过世了"），或给我建议（"最好的方法是向前看，而不是回顾过去"），或以任何方式支持那股流遍我全身，削弱我、瘫痪我、吞噬我的恐惧；他们反而向我展示了一种彼此在一起的新方式，那种方式比一般的友谊更有帮助、更喜悦、更能赋予人力量。我本来就知道这种方式，甚至也会书写这种方式，但是他们帮助我切身经验了这个过程，仿佛我从未体验过。

这种方式有一个名称。

10 非典型伴侣：支持你疗愈人格里的恐惧面向

别等待别人为你改变，唯有你能疗愈自己的恐惧

灵性伴侣关系是一种为了灵性成长的目的，而在平等个体之间形成的伙伴关系。它和之前所有的关系形式大不相同，也有不同的目的。灵性伴侣在一起是为了帮助彼此获得灵性成长，而非增强他们物质方面的舒适度与安全感。灵性伴侣关系是一种媒介，让多官人用以创造真实力量，并支持彼此创造真实力量。它们是我们这一全新进化过程里的基础。

灵性伴侣比较感兴趣的是彼此，而非共同的目的。他们彼此的共同目标是灵性成长，每个人也都知道必须靠自己去达成。他们的承诺就是对自身灵性发展的允诺，是要朝着充分发挥一己潜能之路迈进的决心，是要贡献他们与生俱来的天赋。灵性伴侣的旅途是带着完全疗愈自己的意图，走向最深的恐惧，即他们对无力感的体验。他们是神话里的英雄，要出发寻找巨龙，将它屠杀，然后挖掘出宝藏，恢复大地的兴盛。

你的巨龙就住在你内在，它们想要的时候就会从窝藏之处现身。例如，在某人冒犯你、让你生气的时候，那条龙就会跑到外面为所欲为。或者当你出现退缩情绪并暗自评断某人时，另一条巨龙就会跑出来。又或者，它们会出现在你无法停止批判的念头、暴力行为或性幻想，或无法抗拒酒精、食物、性、色情片或购物欲时。有许多条巨龙，有些确实非常剽悍，它们全都足以恫吓你，让你吓得立刻逃之夭夭（借由发怒、挑剔、饮酒、性行为、抽烟等方式）。没有人能替你屠杀那条巨龙，你就是自己一直在等待的那个英雄。直到你接受自己的这个角色之前，你会一直空等。而你等待得越久，你的巨龙就会在你生命中益加疯狂地大肆破坏，任意制造混乱与痛苦。

那条巨龙不是你克制不了的评断、强迫性的活动或上瘾的行为，这些只不过是告诉你，有条巨龙正处于活跃状态、正在为你做选择。它们只是一种指针与信号，告诉你，有条巨龙正在外头撒野。你若想要屠龙，就必须深入它的巢穴，即你的内在，然后当面向它提出挑战。那就是你何以无法通过贴着尼古丁贴片来戒除烟瘾，或无法经由改变饮食来停止过食的原因，因为你尚未深入巨龙的巢穴、对它下战帖。你仅仅挑战了它的活动，但是巨龙依然存在。举例而言，一个有烟瘾的人在放弃香烟之后开始暴饮暴食，或一个暴食者在放弃食物之后开始抽烟、喝酒、赌博或滥交，我们会说这样的人有一种"上瘾人格"。但情况并非如此，其实是那条巨龙化身为不同的样貌出现。你无法借由改变你的行为来抓住它，那就好比你想要用手指接住一滴水银。巨龙会先以一种样貌出现，例如酒瘾，然后再以另一种样貌出现，例如赌博。

在神话里，巨龙可以任意来去、破坏一切美好的事物、杀死每一个与它对抗的战士，直到有一个愿意冒着生命危险拯救国王与整个王国的英雄挺身而出。如果有人能屠杀那条巨龙的话，那么只有他能办到，而且他必须独自完成任务。那就是英雄的旅程。唯有那些具有勇气、敢做出承诺的人，才有资格踏上这趟旅程。这趟旅程永远是漫长而艰辛的，而且令人心生恐惧。英雄会遭遇到从未体验过的挑战，他必须发挥自己的力量，一次又一次运用清明的头脑和决心面对挑战，直到最后一条巨龙死去为止。然后，他会凯旋返乡，大地也恢复了平静与繁荣。

你的巨龙就是你人格里的恐惧部分，而只有你一个人能去体验并且疗愈它们。当你的痛苦根源来自内在，你就必须进入内在去寻找它，然后改变它。无论你是年轻人或老年人、男人或女人、是否有宗教信仰，完全发挥一己潜能的旅程都将会是漫长艰辛、令人生畏的，而只有你能办到。五官人朋友会从外在寻找自己受苦的原因，用以解释他们失败的关系、疾病、背叛，以及坏运气。他们会改变朋友与环境，但他们不会改变自己，因此，他们与新环境、新朋友之间的互动也将制造出同样的痛苦经验。这是一种"水平"路线。他们的巨龙依然存在。灵性伴侣采取的是"垂直"路线，他们会改变自己。他们会屠宰自己的龙，不会等待那不可能发生的事，不会等待别人来为他们屠龙。

和灵性伴侣一起探索并疗愈痛苦根源

追求真实力量的人就和最强悍的战士一样勇敢，但是他们的目标是不同的。他们的目标是认出他们所披戴的盔甲，例如，易怒、自认正义凛然、优越感、自卑感等，然后去除这些盔甲；他们的目标是去找出自己携带的武器，例如，愤怒、嫉妒、报复心等，然后将它们放下。这就是灵性道途。这些人会自然而然地与其他具有相同目的的人发展出关系，而他们所创造的关系，就是灵性伴侣关系。灵性伴侣不会寻找同盟来改变环境（外在力量），而是寻找旅途上一同迈向完整与圆满的旅伴（真实力量）。勇气、诚正之心，以及对自己灵性成长的承诺，会让他们彼此吸引，聚在一起。他们对彼此有足够的信任，因而敢于一起去探索他们的恐惧与爱。因为他们够勇敢，所以能去探测这份亲密感的深度。

多官知觉能为灵性伴侣带来对自己及自身互动的非个人观点。他们不再视自己的关系为一种掩饰痛苦的手段，而是一种探索并且疗愈痛苦根源的工具。友谊关系的局限会限制他们，他们想要的不只是陪伴与安全，他们想要的是获得灵性成长，想要疗愈自己人格里的恐惧并培养慈爱。他们并不满足于为了保全一份关系而控制自己的愤怒，更不允许它毁灭自己的关系与抱负。他们意图在自己内在找出它的根源，并且去除它。例如当朋友因意见不合而难受时，双方都会相信是对方造成了自己的痛苦，以为只要自己能离开对方，就会再度快乐起来。灵性伴侣则知道，不是对方"制造了我的痛苦"，而是对方在内在触发了不合的意见之前（事实上是成为伙伴前），便早已存在的痛苦根源，即人格里的恐惧。灵性伴侣不会为了自己种种诸如愤怒、悲伤、不足感等痛苦经验而怪罪对方，反而会视彼此为灵性成长过程中的同伴，能激发彼此人格里的恐惧与慈爱，让彼此能疗愈自己人格里的恐惧，并培养慈爱。

灵性伴侣之间的亲密感，就和成熟朋友之间的亲密感一样真实，但是其中的理由却呈现重大差异。朋友在遭受打击时会从彼此身上寻求支持，灵性伴侣则会想要知道这些打击来自哪里。朋友想要包住火，灵性伴侣则会想要将火熄灭。朋友的连结是为了让旅程更轻松，灵性伴侣的连结则是为了灵性成长。朋友会害怕痛苦的互动，灵性伴侣会为他们的经验负起责任，利用它们认识自己。朋友不会想要晃动平静的船只（破坏现状），灵性伴侣则喜欢在水里游泳。朋友会建立舒适区，灵性伴侣会让自己的人格与灵魂趋向一致。

举例来说，当琳达和我刚开始成为灵性伴侣时，我们的一些权力拔河持续了数周之久。我们彼此在情感上保持距离，我对她的固执感到震惊，她则抗拒我对她巨细靡遗的管控。她的死板触怒了我，我的坚持也激怒了她。我努力想要控制她，她也努力想要操控我，我们都投入一场谁也赢不了的煎熬竞赛里。我最难受的经验不是来自输了权力斗争，而是来自赢了它。强迫屈服、深埋的怨恨、彼此之间日益疏远的距离都让我的每一次胜利变得空洞而无意义。每一场胜利都是一次失败。我从未停下来好好思考，我对琳达的看法或许经过了我自己恐惧的过滤（其实事情永远是如此），或者她真正的意图可能和我假设的不一样（她有时确实如此）。我的目标是要赢，她的想法也是。我们就像两个斗士，各自配备了精心挑选的武器，以我们人格里的恐惧彼此交战。

她的武器是退缩、眼泪，或是刺痛我的心，或是以冷硬的笑容抵挡我每一次的发怒、指责与评断。我们不断一来一往地争斗、彼此伤害，随着每一次的冲突而变得越来越害怕。有时候我们会交换武器，她会以愤怒攻击我，我则换成用退缩来对付她。我们现在依旧会陷入权力斗争，但是已不再持续数周之久，而是几分钟就结束了。

每一次，琳达都能迅速挑战自己人格里那为了反抗而发怒的恐惧，进入沉思；或者是她能否决自己的冲动，以自己人格里那充满耐心、关怀与智慧的慈爱来与我互动。看见她这么做，我不禁对她肃然起敬。我知道她要鼓起多大的勇气才能挑战人格里的那些面向，而且是通过适当应对，而非持续表现出情绪化反应，因为我知道自己人格里的恐惧部分有多么顽强。每一次，她通过自己的承诺和负责任的选择终结了一场权力斗争（尽管我人格里的某个恐惧仍想继续战斗），她便成为一个模范，为我示范如何有意识地、有决心地、刻意地回归爱。而每一次，我在走向愤怒与轻蔑的旅程后重新找到爱并选择爱，我也成为同样的典范。这些都是重大的成就，它们正是灵性伴侣帮助彼此踏上的旅程。

直视并挑战你的恐惧，它终将消失

灵性伴侣经常会激发彼此人格里的恐惧面向，这是恰当的情况。灵性伴侣的设计目的是提供伙伴机会，在一个彼此支持、人人有志一同的环境里，去体验、挑战并疗愈他们人格里的恐惧，以及体验并培养慈爱。问题不在于你人格里的恐惧是否会在你的灵性伴侣关系中变得活跃，而是你是否会在它们蠢蠢欲动时从中学习，去体验它们的痛苦感受、观察它们评断的念头、看见它们想要操弄与控制的意图，然后以适当的应对代替情绪化反应。

你所遭遇的每个人都有能力激发你人格里的恐惧，而且有许多人的确会这么做。当你的灵性伴侣激起了你的恐惧，或者你激发了对方的那个部分，你们彼此都有义务在灵性上成长，而非操弄或控制彼此。这种现象提供了所有参与的人一个最佳的学习经验。你越是能够利用这些经验来创造真实力量，你人格里的恐惧部分就越无法控制你，你的真实力量也就会变得越强大。

灵性伴侣赖以支持彼此的，是他们对创造真实力量的勇气与承诺，而非知识、信念或教诲。他们不会引用权威话语、朗诵经典段落、或指责彼此的错误，除非他们人格里的恐惧是活跃的。他们受到获得灵性成长的意图所吸引而向前迈进，而非由恐惧在后面推动，例如，害怕失去彼此或担忧无法满足对方期待的恐惧。他们不会千方百计规劝你、想方设法改变你的信仰、怂恿你、诱惑你或者说服你（这些是追求外在力量），因为这些努力只会带来反效果。你无法疗愈对方的恐惧，也没有人能疗愈你的恐惧，但是你能利用自己的情绪觉察、负责任的选择、直觉以及对宇宙的信任来启发他人，而其他任何一个人也能反过来如此待你。灵性伴侣会为彼此做这件事。他们之所以聚在一起是因为他们的选择，而非他们的弱点。他们的目的是改变自己，而非改变他人。他们会区分爱与需求、关怀与强迫性行为、满足与成功、喜悦与快乐，而且会尽力做出健康的选择。

他们人格里所有的恐惧面向都会在伙伴关系中浮出表面，有时候甚至是同时出现，因为他们怀有疗愈它们的意图。人格里的这些面向，都是在旧式关系里的个人会企图压抑、否认或忽略的，这些也是在他们的意图里捣乱的部分，以及在他们的行为里搞破坏的部分。灵性伴侣知道，他们人格里的这些面向为彼此映照出他们必须在内在改变的地方，如此才能迈向健全的生命，尽管这些恐惧令人痛苦不堪（立

基于恐惧的部分总是如此）。他们不会有此假象：认为当自己
人格里的恐惧做主时，仍然可以获得灵性成长。

　　灵性伴侣会帮助彼此跨越鸿沟，亦即欲求与作为、希冀
与立下意图、渴望与行动之间的深谷，而且会不厌其烦地这
么做。当你勃然大怒、出现退缩情绪、早上赖在床上起不来
或吃个不停、满脑子充斥着批判念头、疯狂血拼或看色情刊
物和影片时，就是你的灵性道路实际接受考验的时候。你必
须面对你的感受，体验你能量中心里的痛苦感觉，然后去挑
战它，而非沉溺其中。若你能在做出惯性行为（强迫性或上
瘾的行为）之前停下来，好好体验自己的感受，你就进入巨
龙的巢穴了。你若能适当应对而非做出情绪化反应，你便能
直接与巨龙交战。而当你越常这么做，它对你的掌控力量就
会越小，终至消失。

　　如同一个惧怕黑暗的孩子，在灯光点亮的时候，心绪
会平静下来，因为这时，他已经能自己看清楚房间里到底有
什么东西、没有什么东西了。当你一次又一次地照亮并且挑
战你所惧怕的东西，它终将消失。你直接与怪兽面对面，你
在它周围走动、评估它的体型大小、看看它到底是什么玩意
儿。这仍然会让你觉得痛，因为你是在近距离检视无力感之
苦，但是如果你放纵恐惧为你的言行做选择，那么它所制造
的破坏性结果所带来的伤害，将远远大过这份痛苦。若你能
直视恐惧的眼睛，全然经历它，然后做出与它不同的选择，

你就能改变自己与未来。你在为自己的灵魂选择一个意图时，就是在创造真实力量。

朋友、同事、同学与工作伙伴都会避开那样的深谷，因为他们待在"欲求、希冀、渴望"那一边会觉得比较舒服，他们想要你的陪伴。灵性伴侣会受到那座深谷的吸引，每一个真理追求者皆是如此。深谷的一边是恐惧，而活在另一边的是爱，你可以在每一次决定是否要一跃而起，跨越它。当你对自己的选择毫无觉察的时候，你就停留在恐惧之中；而当你觉察到你的恐惧时，就能做出不同的选择，你能为无意识的过程注入意识，从而改变它。你的灵性伴侣能帮助你做到这一点，你也能如此协助他们。

你越是经常跃过深谷，对这种行为就会越熟练，也就越不会感到害怕了。选择爱而非恐惧，成为你经验中一个持续的习惯，而最终唯有爱会留下。你的恐惧会消失，深谷也会消失，你不再需要跳跃了，因为你已经站在你所需之处，也已经处于你生来注定的存在之处了。

11 平等心：不优越也不自卑的互动原则

是什么扰乱了你的平衡？

我的父亲在堪萨斯州的一个小镇经营一家珠宝店。在他从事这个行业的某个时间点，他购买了一座古董钻石天平，我母亲将它放在客厅的书架上，而一直到父亲过世，我才注意到它的存在。当我注意到这座天平时，对它的精致与高雅印象深刻。这座天平是装在一个玻璃与桃花心木制作的手工盒子里。前盖面板可以往上滑，使用者可以由此操作这个高雅的工具。它的简单与美丽，在我眼里看来无疑是一件艺术品。两个黄铜秤盘分别用一根横杆悬吊着，横杆由一个黄铜支柱的支点支撑，让秤盘取得完美的平衡。有一根像针一般细长的指针附着在悬吊秤盘的横杆上，直直地向下垂，和支柱一样长，直到底座，那里有个小型黄铜片，上面刻着一些垂直线刻痕，用以显示偏离中心的最细微偏差。

在整座外壳的下方，有一个迷你的木制抽屉，做工同样精巧细致。抽屉里有一些小木块，每个木块都钻了不同大小的小洞孔，每个洞里放着一个迷你金属秤砣。秤砣制作成一个小型圆筒状，顶部有药罐式的握钮，完美地密合在一起。有一支镊子放在小木块旁边，用来将钻石放在其中一个秤盘，将秤砣放在另一个秤盘，一次放一个，直到指针再次往下指向中间。想让秤盘回归平衡时，若添加了太多秤砣或加得不够，两边的差异立刻就会变得很明显。

当两边的秤盘都是空的的时候，它们是同高的。当钻石被放到其中一边，与它同等重量的秤砣被放到另一边，两边又会再度变得一样高。而只有在那个时候，也就是取得完美平衡点的时候，那根长针才会笔直而精准地向下。如果有任一边的秤盘高于或低于另一边，就会出现明显的不平衡状态。或许一个电子天平能更精准地为钻石秤重，但它也需要校准才能保证其准确性。我父亲的天平没有这个问题。秤盘处于完美的平衡状态，若非满的就是空的，若不然，它们会处于不平衡状态。如果是平衡状态，情况会很明显；如果是不平衡状态，情况也会显而易见。

平等就像那样，它若非存在，就是不存在。为了看看你是否与另一个人平等，想象自己放在一座假想的、巨大到能放得下一个人的钻石天平秤盘上，然后想象另一个人放在另一个秤盘上。如果秤盘是等高的，你们就是平等的；如果不一样高，你们就是不平等的。你的体重和另一人的体重，并不会像在真正的天平上那样影响秤盘的位置。例如你可能会发现，当自己在另一个秤盘上放一个小孩子，你那一边的秤盘会意外地升高，仿佛小孩子比你重；或者你放了某个比你重的人在另一边的秤盘上，你的秤盘却下降了，仿佛你比较重。

　　这是因为当你觉得自己较优越的时候，你的秤盘总是高于另一边的秤盘（你看低那人）；而当你觉得自己较差劲时，你的秤盘总是比较低（你仰望那人）。例如，当人们觉得自己比他们的孩子或一般的小孩子更优越时，总是会发现自己的秤盘比另一边放了小孩子的秤盘高。这些人觉得自己比那个孩子更有价值、更重要、更宝贵，即使他们认为自己爱那个孩子。那些觉得自己总体来说较优越的人或自觉理所应当的人，是活在一个永远比较高的秤盘上，无论谁在另一边的秤盘上都没有差别。相反，那些觉得自己较差的人，例如需要取悦他人，会发现自己总是处在一个较低的秤盘上，无论谁在另一边的秤盘上都没有差别，即使是虐待她的伴侣或粗暴的雇主亦然——他们仰望着每一个人。

　　最轻微的优越感或自卑感经验也会扰乱平衡，让一边的秤盘低于或高于另一边。天平永远会显示出平衡状态（平等）或不平衡状态（不平等）。那是你个人的天平，它不会为你显示出其他人的经验。其他人有他们自己的天平。他们在他们的天平上看见的，是只给他们自己的刻度；而你在你的天平上看见的，是只给你自己的刻度。

当你被恐惧控制，便无法体验到平等

　　我经常发现我的天平失衡了，而我竟在每一次发现时感到震惊不已。我越是经常探索我人格里的恐惧，就越会清楚看见其中一些部分对女性、较年长者、较年幼者，以及那些在信念、说话方式或外表上和我不同的人，怀有强烈的优越感。我人格里的一些恐惧面向觉得它们生来就不平等，这是一个极其自大（恐惧的）和不正确的观点，但对它们来说却非如此。它们竟充满了我自己所痛恨的偏见，这个发现着实撼动了我。但是在我觉察到之前，它们确实存在，我无法挑战它们。它们决定着我的行为。

随着你对人格里的不同面向逐渐有所觉察，你可能会发现你的天平和我的一样经常失衡，但或许情况不同。例如，你可能会发现自己人格里有个也觉得生来就不平等的恐惧，只是情况刚好相反——它觉得自己比所有人都低等。它不想要在这世界上占有一席之地，也不想被看见。它对每个人与每件事都屈居下位，除了觉得自卑以外，它无法想象有其他感受（虽然事实上，它自觉比那些有优越感的人优越！）。

自卑感与优越感都是你人格里恐惧部分的经验。有的情况会激发你人格里觉得自卑的恐惧，有些情况则会刺激你人格里觉得优越的恐惧。例如当你将某人拱上宝座时（将他偶像化），你会自觉比那人低劣；但是当他让你的期待落空时（这一向会发生），他就会从宝座上摔落（你觉得自己比他优越）。偶像和宝座都是你自己创造的，当你将偶像视为如你一般的人，那是一个假象（你较低劣）消失了，而另一个假象（你较优越）会取而代之。相反地，如果你发现一个你认为不重要的人，譬如游民，可能对你很有帮助，因为他其实是个古怪的亿万富豪，那么情况会刚好相反，你较优越的假象（你没理由要关注他），会被你较低劣的假象（他像磁铁般吸引你的关注）所取代。

有一次，我穿着工作服与一个工程承包商交谈，他在协助琳达和我整修我们美丽的新家，有一位转包商突然走过来，鲁莽地打断我和承包商的谈话。承包商向他介绍我是"屋主"之后，他的态度立刻出现一百八十度的大转变，注意力完全转向了我，对我露出迷人的笑容，还伸出手来握手，从视而不见转变为尊重。当他发现我可能是他的雇主而不是工人时，他人格里的一个恐惧部分随即被另一个取代了。他并未从人格里的恐惧面向这个角度来思考，但是他人格里的恐惧却能塑造他的观点与行为，先以一种方式，再换成另一种方式。

有时候，当我与某个身上有我欲求之物，或我认为能帮助自己获得欲求之物的人见面时，我发现我会比和其他人见面更投入，而且更友善、更有空、对他更感兴趣。我所在的秤盘降低了，对方所在的秤盘升高了，我自觉低等，而且仰望着他。相反的情况也会发生，有时候，当我与某个我认为对自己没有任何帮助的人见面，我发现自己会对那人较不感兴趣、较没空，而且大致上较疏离。我所在的秤盘升高了，对方所在的秤盘降低了，我看低他，我充满优越感。在第一种情况里，我总是看见对方身上自己所欣赏的特质，并给予他正面的评断；而在第二种情况里，我经常看见对方身上自己不喜欢或不赞同的特质，并给予他负面的评断。在这两种情况下，我都未能将他视为一个灵魂。

这些都是不平等的经验，换句话说，它们只在我人格里的恐惧部分受到激发的时候发生。人格里的恐惧面向会评估他人的外在力量，然后与自己的做比较。当你人格里的恐惧计算出自己拥有更多外在力量时（操弄与控制的能力），你会感到安全、有价值、较优越，你的秤盘便会升高；而当它计算出它的力量较少时，你会感到受威胁、较无价值、较低劣，你的秤盘就会下沉。

平等心的体验

无论你觉得自己优越或低劣，都是在为你发出一个信息，告诉你自己人格里的恐惧部分正在活跃，正在决定着你的感受、思想、知觉与意图。你的天平（如果你正在想象天平的话）会反映出这一点。觉得低劣或觉得优越都是红灯，它们是要你停下来的信号，要你花一点时间好好想想自己人格里觉得优越的恐惧部分，或你人格里觉得低劣的恐惧面向，在过去为你创造了些什么，然后扪心自问：你是否想要再次创造它？你还要经历多少次车祸，才能学会辨认红灯呢？

有时候，一个习惯性自卑的人会以为自己正在挑战自己的自卑感，但其实他只是以一种不同的方式在经历它。例如，一个从不表达自己的厌恶感与愤怒、总是取悦他人的人，会在自己的取悦行为未获欣赏时，决定"划下界线"，即不再取悦他人。但这并无法疗愈他人格里的恐惧。可以说，他只是从一个极端跳到另一个极端，从觉得自卑、需要取悦他人，变成觉得优越、觉得义愤填膺。当你人格里的恐惧部分控制着你时，你是无法体验平等的。

有时候，人会自认不如他人，或比他人低等，从而制造一种虚妄的谦卑感。这种"谦卑"其实是优越感，它不是谦逊，也不是平等。有一个故事是这么说的：有一次，有位拉比（犹太教的精神导师）独自在一座教堂里祈祷，窥视宇宙的无量无尽。他像执行什么仪式般撕开他的上衣，以敬畏的神情大声喊道："我是无名小卒！我是无名小卒！"教堂的主席看见拉比如此狂喜，也撕开他的上衣，大声喊叫："我是无名小卒！"看见拉比与主席的守卫，顿时也被狂喜所包围，于是也跟着撕开上衣，满溢着喜悦大声呼喊："我是无名小卒！我是无名小卒！"这一刻，拉比和主席顿时沉默不语。主席指着那个守卫说："看看那是谁，竟自以为是无名小卒！"

平等是一种愉快的经验，当你天平两端的秤盘等高时，你会活在一个友善的世界。你享受与人相处，人们也享受与你相处。你的周围会有旅伴围绕，与你一同分享这趟迈向健全生命的旅程。你可能会觉得与他人是平等的，但除非你能摆脱更好或更差、比较怎样或比较不怎样的想法，例如比较漂亮、聪明、有价值、强壮、有才华等，否则你和他人依然是不平等的。

你在怀抱平等心的时候，能够心胸开放、懂得感谢、放松而自在。你可以轻松地与人分享，不做他想，放松地大笑，活在当下。而你若没有平等心，便会觉得较优越或较低劣（你人格里的恐惧部分处于活跃状态），你会感到与人疏离，你的互动不是被迫的就是太过正式而拘谨，你会评断、怪罪他人或自己。无论你做什么，都带有隐藏的动机（外在力量）。

我曾在冲绳担任陆军军官，当时我和其他同人一样，大部分的休闲时间都流连在下级军官俱乐部，那里是同级军官一起喝酒的地方。少尉与少尉一起喝酒，中尉与中尉一起喝酒，上尉与上尉一起喝酒，依此类推。有天晚上，一位上尉加入了我们中尉这一桌，而且要我们直称他的名字尔文，而非上尉，这搞得我们很不自在（因为我们觉得自己较低等），但是我可以感觉尔文很怡然自得（他觉得平等）。一阵子之后，我问他："你为什么要和中尉一起喝酒？"他回答："我很久以前就已经决定，不要让官阶妨碍我与军中同袍享受美好时光。"我自觉与尔文是不平等的（在我的天平上，我的秤盘比尔文的低），但尔文却觉得与我是平等的（在他的天平上，我们的秤盘同高）。

　　许多年之后，我又在夏威夷体验了一次平等心的例子。一位朋友带琳达和我去见他的老师玛格丽特阿姨，她是夏威夷当地的一位传奇疗愈师。她的房子就是个活动中心，挤满了来自各国的学生。我一见到她就觉得自在极了，她的坚韧、她对古老夏威夷疗法的知识与宽阔的心胸，无一不让我感到如沐春风。之后，另一位朋友带着我们前往一座僻静的美丽海滩，我们注意到远处有几位夏威夷人，突然有位眉头紧蹙的女子怒气冲冲地跑过来。"这里是私人土地！"她如此对我们宣告。"你们没有权利来这里。"我们向她道歉，尽管那片海滩其实是公共空间，但是她离开时仍是满脸不悦。她是玛格丽特阿姨或尔文的相反例子。我怎么也无法打开她的心，正如我怎么也无法关闭玛格丽特阿姨的心。玛格丽特阿姨和尔文觉得自己与他人是平等的（人格里的慈爱面向），而那位盛气凌人的女性则自觉比他人优越（人格里的恐惧面向）。

　　你的天平不会比较，甚至不会留意到人格里的特质，它只会告诉你，你是在和一个人格还是和一个灵魂打交道。所有的人格都是独一无二的，因此没有人是平等的，有老有少、有贫有富。如果你将一个个体理解为人格，你天平上的秤盘就会忽而上升、忽而下降；而如果你将一个个体理解为一个灵魂，你天平上的秤盘就会同高。

　　你不可能"几乎平等"，因为平等与不平等之间的差别就像爱与恐惧之间的差别。若你人格里的恐惧部分开始评估其他人格的外在力量，你的秤盘就会上升或下降。人格里的慈爱部分却不会评断，你的天平自会处于平衡状态。

平等心是一种宇宙间没有任何事物比你更珍贵，也没有任何事物比你更不珍贵的理解与认知。它是灵性伴侣关系的必要条件，灵性伴侣也会帮助彼此培养这样的特质。

12　伴侣关系动能一：一起追求灵性成长

旧式伴侣关系要求对方改变，灵性伴侣关系尝试改变自己

灵性伴侣关系的动能，与其他所有的关系都不一样。即使是剧本里反差最大的强烈意象，诸如日夜、明暗、生死等，也无法传达灵性伴侣关系的那份清新、力量与潜能。这些意象描述的是完整与重生，它们虽然力量十足，却仍不足以说明灵性伴侣关系的深度、广度与意义。灵性伴侣关系及其带来的多官知觉、全新理解与觉察，并不是重生的经验。它们是人类集体意识里面一次出现的东西。灵性伴侣关系是一种历史上前所未见的关系原型。

灵性伴侣之间是彼此的同事，但却不似五官人的同事型态。如同学习同一科目的学生会协助彼此完成课业，灵性伴侣也会协助对方完成他们的生命功课，也就是灵性成长。一个人自己看不见的内在部分，其他人可能可以看见。最终，每个人都能在内在看见自己需要改变或培养的地方，进而创造出一个洋溢着和谐、合作、分享与对生命怀抱敬意的生活。饥饿的人会渴望食物，灵性伴侣渴望的是意义，他们会一起探索何谓意义，并且一同创造它。他们会观察何者吸引他们、何者令他们排斥，何者让他们分开、何者让他们相互

连结，他们会帮助彼此获得灵性成长。

比如，我的母亲盲目地爱我，我对她的批评享有豁免权，而且一直持续接受她的赞赏。她对我的崇拜将我所做的每一件事都变得温和且合理，而且是可接受的。在我的成长过程中，我从未认出她对我的爱和她为我建造的宝座之间有何差别，我也不确定在她离开地球学校之前，是否已经能分辨这两者的不同，但是她对我的崇拜经验一再影响了我与琳达的互动。

当我觉得琳达没有专心听我说话或漫不经心地回答我的问题时，我就会发怒，而且将自己的愤怒怪罪于她。要某人或某种情况为你的痛苦情绪负起责任，和认出你人格里的恐惧部分才是痛苦的根源，这两者之间有着巨大的差异。在第一种情况下，你必须改变你外在的某人或某事，才能解除你的痛苦；在第二种情况下，你必须改变自己，才能消除痛苦。这就是情绪化反应和适当应对之间的不同、以恐惧来创造和以爱来创造之间的不同、追求外在力量和创造真实力量之间的不同。这也是不负责任地运用你的创造力量（无意识地）和负责任地运用它（有意识地）之间的不同。

每次我为了自己的愤怒而责怪琳达，我就是在转移注意力，无视自己那制造出愤怒的痛苦，让我人格里的恐惧部分被我忽视，而且未受到挑战。当我那部分的人格再次被触发，例如被琳达激发，我就会再度生气。认清我在琳达不专心听我说话时我会生气（没有像一只小狗一样崇拜地望着我、听我说话），和我母亲对我的崇拜之间的关系，并无法阻止我再次发怒。和琳达讨论这个问题也无法阻止我的怒气再度爆发，没有任何分析能根除我的愤怒。当我觉得琳达不专心听我说话时，我就会火大。

我和琳达一起展开这趟旅程时，我需要被人崇拜才能感到安全与有价值的需求，完美地契合了她需要和一个男性进入一段关系才能感到安全与有价值的需求。我人格里的恐惧面向和她人格里的恐惧面向所产生的互补式互动，是我们的蜜月期，是一段潜在亲密关系的前奏。所有的关系都包含了这个过程。接着，伙伴或伴侣会开始将对方的本性看得更清楚，进而发现对方已经越来越不像自己想要的样子。犹如在人行道裂缝长出的杂草，之前不曾注意到的行为，现在变得刺眼了，例如一方需要主导（就像我），另一方需要取悦他人（例如琳达）等。

这终结了蜜月期。轻松获得满足感的幻想，被双方真实而复杂的人格互动取代了。当虚妄的观感与理解开始幻灭，处于旧式关系里的个人会认为他们的关系失败了，于是开始聚焦于如何"拯救"它。他们会进行治疗、探索他们的故事、寻求建议或尝试好好相处。如果其他一切方法都宣告无效了，他们可能还是会在这段无法满足任何一人、但能帮助彼此感到安全的痛苦关系里安定下来，也可能会选择分手。

在一段灵性伴侣关系中，当轻松获得满足感的幻想破灭，灵性伴侣会挑战他人格里那个对真实与复杂的人格做出情绪化反应的恐惧部分。简言之，在旧式关系里的个人会试图改变对方（追求外在力量），而灵性伴侣会试图改变自己（创造真实力量）。譬如说，如果琳达或我没有选择利用我们痛苦的情绪经验来获得灵性成长，就不可能发展或深化我们的灵性伴侣关系。我们使用了旧式关系里的个人所没有的工具。

我们苦恼的时候，会运用情绪觉察，也就是扫描身体在人格里的恐惧部分变得活跃时的感受：它们令人觉得难受。以及身体在人格里的慈爱部分变得活跃时的感受：它们感觉很棒。我们会注意那些人格里的恐惧部分活跃起来时出现的念头：它们是评断、批判等念头。以及身体在人格里的慈爱部分活跃起来时的念头：它们是感谢、欣赏、关怀等念头。如果我的念头充满了诸如评断、暴力或是对性的上瘾，我便知道自己人格里有某些恐惧是活跃的。我们会检视那告诉我们人格里某个恐惧正在活跃的意图：它意图要赢、要对、要控制，换句话说，就是要追求外在力量；以及检视那告诉我们人格里某个慈爱正在活跃的意图：它意图创造和谐、合作、分享，并对生命怀有敬意。例如，如果我的意图是要主导全局、要对、要证明琳达是错的，我便知道那是我人格里的恐惧正在活跃，然后我就会做出一个能创造建设性结果的选择（这是一个负责任的选择），而非创造破坏性结果的选择（那是我早知人格里的恐惧部分会制造的）。

比如，我会选择倾听而非开口，选择了解而非要求对方理解我，选择耐心而非着急等。无论我做何选择，都是不同的抉择，而且经常与我人格里的恐惧所选择的相反，并且与当下那部分非常想做的事背道而驰，例如，理直气壮地替自己辩护、为自己解释、对琳达不理不睬、互动时匆忙敷衍、退缩，或大声吼叫。琳达也选择了同样的做法。随着我们的灵性伴侣关系逐渐发展，我发现我与琳达的互动如我所愿地渐渐改变了我。这需要纪律才能办到，而我从不知自己有此潜能，也经常缺乏这种态度，但是我已经下定决心要改变内在造成我极大痛苦与孤独感的一切，以及我在他人身上看见的、自己所不喜欢的部分。琳达也和我有志一同。

切身体验自己的情绪，才能做出正确选择

体验人格里的恐惧火力全开的景象而不陷入咆哮，或情绪退缩、狂吃、购物、看色情影片或刊物、赌博等，是件相当困难的事。灵性伴侣会支持彼此去体验他们的情绪，即他们人格里的恐惧与慈爱。而当他们切身体验自己的情绪时，他们就能做出得以创造最有建设性结果的选择。那就是我和自己人格里需要被崇拜的恐惧达成和解的方式，而且仍在持

续和解中。当我被忽视或自认为被忽视的时候，我会切身体验人格里的恐惧部分在身体上所带来的痛苦感受，同时为那份痛苦选择一种应对方式，而非做出我人格里的恐惧总是会选择的情绪化反应。

如果我成功利用自己的愤怒操弄了琳达，让她长期假装崇拜我，我就依然被自己人格里需要被崇拜的恐惧所操控，而她也会依然假装崇拜我。她还会埋怨我操弄了她，怨恨自己竟允许他人操弄自己、竟为了逃避我的情绪化反应与自己对孤单的恐惧而扭曲了生活，而非选择创造一个健康的生活。我选择在琳达不崇拜我的时候，小心翼翼地检视且全然地体验自己的情绪，然后适当应对，而不是出现情绪化反应。她也支持我这么做。琳达也选择在我貌似不易取悦时，小心翼翼地检视她自己的情绪，然后选择适当应对，而不是表现出情绪化反应。我也支持她这么做。

有时，在琳达做出情绪化反应而非适当应对时，例如，她生气了、觉得受不了、需要取悦我或害怕被抛弃，我能够创造真实力量；而有时候，当我出现情绪化反应时，例如，我将一些事看得比人更重要、总是先想到自己才会想到别人，甚至完全不会想到别人，或者出现理所应当的感觉与行为，琳达也能够创造真实力量。我能否创造真实力量与琳达当下所做的选择无关，她能否创造真实力量也与我的选择无关。

灵性伴侣不会满足于犹如一潭死水般沉滞或具有破坏性的关系，无论这段关系有多么熟悉或持续了多久。他们不会满足于不断迎合人格恐惧的索求这种一成不变的行为。比如，若有一个灵性伴侣生起防卫心（"我吃了巧克力又如何？"），他的伙伴会让他留意自己人格里的恐惧面向。他们会探究他的意图，提醒他查看身体特定部位有何感受，然后帮助他挑战他人格里的恐惧并培养慈爱。①

灵性伴侣会问自己：哪些活动在创造真实力量？哪些在追求外在力量？若他们忘记自己在一起是为了追求灵性成长，他们会在记起时重新承诺一起这么做。孩子、生活方式、发型、采购、教育、工作或所有其他的一切，对他们都将产生不同的意义。他们会分辨哪些努力是源自爱、哪些是源自恐惧，然后选择那些源自爱的。如果他们发现自己为了安全感与价值感而寻求认可、影响力或赞同，他们就会改变自己的意图。他们不会满足于在内陆的小水道上游走，他们会鼓起勇气航向未知的广阔海洋。很少有人曾探究自己那狂暴之心的深度，那仇恨、恐惧、嫉妒与绝望的深度，或探究自己的智慧是多么广阔、自己的慈悲力量是多么强大。然而，这些能量流都在我们每个人的表面意识底下流动着，如同海底的一条大河。灵性伴侣会帮助彼此去发现它们、探索它们。灵性伴侣会让彼此去体验他们人格里的恐惧，然后疗愈它们；去体验他们人格里的慈爱，然后培养它们。他们是朝着相同目的地出发的旅伴，每个人都要对这趟旅程负责，每个人也都承诺要完成这趟旅途。

灵性伴侣支持彼此去挑战恐惧

灵性伴侣越常挑战他们人格里的恐惧，就越能够为彼此提供支持。他们彼此分享了越多的创造力，就会变得越满足。例如，有一次琳达和我为了计划一个新活动而陷入权力斗争，我们将问题当成指控，还将建议当成批评。每一次的一来一往都触发了我们的情绪化反应。我人格里的恐惧部分锁定了她人格里的恐惧部分并展开竞争，到后来我们都倦了，都失去耐心、倍觉恼怒，而这刚好适合教导我们何谓真实力量！

当我们了解到我们已经朝着自己不想去的方向走了很远，我们决定停下来，重新开始。我们重新建立关系，定下了一同创造的新意图。对于如何重新开始，琳达成为我的好榜样，我也尽力成为她的好典范。如果我们当初没有承诺要获得灵性成长，我们之间的权力斗争就会像野火燎原般一发不可收拾。我其实可以随时在我内在结束这场斗争（如果我曾想起自己对灵性成长的承诺，但是我没有），而琳达也可以随时在她内在结束这场斗争（如果她曾想起自己的承诺），但是在我们的例子里，我们是一起结束它的，而我们共同创造的事件反映出这个健康的过程，那是清新的、深刻的、令人喜悦的。

灵性伴侣关系里没有安全。灵性伴侣在一起是为了获得灵性成长，而非安抚彼此的恐惧。相反地，他们会在体验自己的恐惧并疗愈其根源时，支持彼此。灵性伴侣有耐心、能够关怀他人，但是耐心与关怀不足以让他们在一起。他们珍惜彼此，但是珍惜仍不够；他们爱着彼此，但即使是爱也不够。唯有承诺通过挑战并挖掘、体验、疗愈他们人格里的恐惧部分以创造真实力量，才能让灵性伴侣维系他们的关系。旧式关系里的五官人对彼此、彼此的关系，以及他们立足于五官知觉的目标，做出承诺；灵性伴侣则是对彼此的灵性成长与支持彼此获得灵性成长，做出承诺。

你人格里的恐惧面向不会对灵性伴侣关系构成威胁，但若不去挑战那些部分，它们就会构成威吓。每当你挑战人格里的一个恐惧，它就会重新主张它自己，提供你更多机会来挑战它、疗愈它，直到这个恐惧消失为止。这就是真实力量的创造方式。陷入你人格里的恐惧部分动弹不得，亦不会对你的灵性伴侣关系构成威胁，但是若持续卡在那里则会。如果一个灵性伴侣一再拒绝从他的愤怒、防卫心、退缩或想要报复的经验里让步（"别管我！""我不想再听这些话了！"），如此一来，灵性伴侣关系（灵性成长）成立的理由就烟消云散了。陷入你人格里的恐惧是另一回事，灵性伴侣关系能提供你机会去体验你人格里的恐惧，而陷入其中，有时是重复沉溺在其中，正是获得灵性成长的一部分经验。然而，一再拒绝挑战你人格里的恐惧部分，例如你的愤怒、嫉妒、报复心等，又是另外一回事了。当灵性伴侣关系成立的理由不复存在，这段关系亦随之结束。

灵性伴侣基于灵性成长的目的，认知到自己在伙伴关系里是平等的。置身旧式关系里的五官人不抱持这种观点，他们会为了自己的安全感与价值感，在必要时进入或离开一段关系。他们会为了自己的沮丧与快乐而怪罪彼此，只要他们依然能协助彼此求生存或提高舒适度，他们就会维持在一起的关系。

只要灵性伴侣一起成长，他们就会维持在一起的关系。

这就是灵性伴侣关系里的第一个动能。

---

① 要挑战你人格里的恐惧并培养慈爱，必要的条件除了情绪觉察之外，还要有负责任的选择。我推荐《灵魂的心智：负责任的选择》（*The Mind of the Soul: Responsible Choice*）这本书给你。这本书提供你如何做出负责任的选择，以及练习做出负责任选择的详细步骤。请务必做书中的练习。

13 伴侣关系动能二：有意识地选择角色

你在人生中尽力扮演的角色，让你忘了真正的自己

一个演员开始扮演一个角色时，他会将所有不属于这角色的念头、感受与意图抛在脑后。他会通过这角色的眼睛来看、通过这角色的耳朵来听、渴望这角色所欲求的东西。他对这角色所达成的成就感到舒服自在，也会对这角色无法达成的目标感到难过遗憾。他在舞台上的时候，生命不属于他，而是属于他正在扮演的角色。他无法脱离那个角色，最重要的是，他必须忠于角色。他越是忠于该角色，该角色对观众而言就越真实，整出戏也会更生动逼真。在剧场外，他可以恢复成自己的样子；但是在舞台上，只有他所扮演的角色存在，即使是他在舞台侧边等候提示的时候，他依然对该角色维持入戏状态。有时候一个演员会对一个角色入戏太深，他会在等待下一场演出的阶段也处于入戏状态。如果一个演员持续投入角色的生活而无法自拔，无论置身何处都活在角色里，那是不健康的。

多数人就像入戏太深的演员，无论人在何处，都活在自己所饰演角色的生命里，尽管他们根本没有觉察到自己在扮演一个角色。他们从未脱离该角色，即使是独自一人时也是如此。他们和亲朋好友在一起时、开车、淋浴、吃饭或工作时，都活在那个角色里。例如，对许多女性而言，虽然许多有子女的女性也扮演着企业家、运动员、老师等角色，但是母亲的角色仍是最主要的，即使她们有自己的事业亦是如此。每个人都扮演了许多角色，而无论是什么样的角色，他在扮演时，该角色都能塑造他的观点、思想、经验与意图。一个人对角色越投入，就越不会觉察到自己的角色，换句话说，角色对他而言是隐而不现的（无意识的）。

角色会决定我们如何互动。我曾扮演过一种充满阳刚、性感、叛逆、睥睨一切的冒险家角色许多年，在那段时间里，我不知不觉地被那角色束缚了。那个角色与他人如何看待我无关，却决定了我对自己的体验，例如，那样的角色不允许我表达甚至体验我的困惑、无助或痛苦情绪。悲伤与眼泪不属于这个角色，相反地，愤怒、抽烟、喝酒、鲁莽、漠视他人都是可以接受的。才智、创造力与关心对我来说也是允许的，但温柔或照顾他人则不然。那些不受我的角色吸引的人，会更正确地将我视为一个易怒、上瘾、自恋的性掠食者，然后躲着我。我的角色里极少或说根本没有任何特质是他们的角色能接受的。

角色之间会互相吸引，例如艺术家吸引艺术家，而在这大角色底下分出的音乐家、雕塑家、画家、作家、诗人等次角色也会互相吸引。一个人在一生当中都会扮演许多角色，其中有数个角色是同时进行的，例如同时是父亲、企业家、高尔夫球球员（运动员角色底下的次角色），或者母亲、妻子与老师，或者政治家与母亲等。一个只能看见自己在一个角色里的人，情况类似于一个入戏太深、摆脱不了舞台角色的演员，他在里面迷失了。他的朋友忘记了没有该角色时他是谁，他的家人也忘记了没有该角色时他是谁。最后，他自己也会忘记没有该角色时，他是何许人也。

认同一种疾病，会创造出"病人"的角色，而它会改变一个人的行为、限制他的创造力。若没有这种认同，同样的疾病或许能提供一个人扩张意识、创造新行为模式、超越旧限制的机会，并且激发一个人的创造力。诸如破产、事业失败、丧偶或丧子等"不幸"，也会创造出一些角色。即使是承诺获得灵性成长，也可能受到扭曲而变成"灵性人士"的角色。一个角色能暂时麻醉无力感之苦，例如，你对自己身为母亲、企业家、专业人士、冒险家、灵性人士等身份的认同越深，你越会企图利用它来操弄他人，也会更卖力地掩饰无力感之苦。

在我连续参与欧普拉一系列的电视节目之前，我的角色是一个高傲的"乡间隐士"，之后则变成了"名人"。对我来说这是个全新的角色，但和我之前的角色一样为我带来许多束缚。更早之前我扮演的角色是学生，然后是军人，这和我阳刚、性感、叛逆的冒险家角色很相配。扮演一个角色的意思并非为你的高中话剧挑选一个角色，然后反复练习、精心雕琢，在首演当天将它呈现在观众眼前。它是由一种似乎十分自然的自我知觉与内在经验所掌握的，因此你无法想象它会是其他任何样子，即使那是痛苦的。

你借以逃避一些感觉、潜力与责任的角色扮演不仅没必要，而且是耗费精力与剥削的，如同在观众看来无比迷人的舞台布景，其实只是从后面支撑着——角色，也只是表面功夫而已。当角色不再能控制你，你才能去选择它们、使用它们。选择了你的角色（因为这对你似乎太过自然，以致你无法想象它是别的样子）会囚禁你，而你所选择的角色则是你表达爱的工具。如同演奏笛子、大提琴、钢琴等的音乐家，你选择一种乐器来迎合你的需求，适当的角色能让你在当下发挥天赋。如果一个角色源自爱，停止认同该角色并不会对你的安全感与价值感造成任何影响；而如果一个角色源自恐惧，你会觉得脆弱易受伤害、无所适从、没有它便倍感失落。

选择有意识地扮演你的角色

想象自己不再拥有一个熟悉的角色可以扮演时，你的生活会变成什么样子，例如母亲，或商人、教育者、手艺工匠等？这不表示你要停止当一个母亲。它的意思是要你停止认同自己身为母亲、视自己为母亲、体验自己为母亲的身份，然后去做一些尝试与实验，将自己体验为一个具有恐惧与慈爱的人格，同时也是一个不朽的灵魂。这意味着停止利用母亲的角色来保护自己，让你躲开诸如来自男性的关注、职业要求、没有价值与没有安全感等令人恐惧的经验。

那些对囚禁自己的角色毫无觉察的人，并未觉知到是自己选择了这个角色。他们就像那些没有认知到如咆哮、情绪退缩等情绪化反应是一种选择的人。一旦他们察觉到自己的角色是一种操弄与控制他人的手段，他们就能摆脱那些角色的束缚。例如，一个觉察到自己的情绪化反应其实是一种选择的人，会获得适当应对的能力，他们因而能自由地改变他们的角色，并且选择其他角色。

举例来说，我成为祖父的时候，对那些新的经验感到十分惊讶，我觉得自己在某方面突然变成了另外一个人。祖父的角色要求我要爱自己的孙子更甚于其他孩子，我确实是如此。然而，我会质疑自己是否想要爱某些刚开始展开地球学校之旅的灵魂，更甚于其他灵魂。我也发现，我在爱自己的孙儿更甚于其他孩子时，会觉得自己较安全、较重要、较有价值，但我不知道何以会如此，这就是一个角色选择了你的经验。你进入一种能量原型的影响力范围内，自己却未认知到这一点，而那个原型会塑造你的知觉与经验。我了解到，我必须从自己内在做改变——不是爱自己的孙儿更少一些，而是爱其他孩子多一些。于是，一个新的祖父经验逐渐为我成型了。这是通过有意识地参与而转化一种能量原型的经验。结果是，这个角色不再能控制我，我也开始能够运用它了。最后，我开始将所有的孩子都视为我的孙子。

这就是一个无意识的角色扮演经验（我爱孙子更甚于其他孩子）与一个有意识的角色扮演经验（所有的孩子都是我的孙子）之间的差别。这也是一个身为商人的无意识角色扮演经验（我为了创造最大收入与利润而贩卖物品和服务）与身为商人的有意识角色扮演经验（我以健康、有智慧而且慈悲的方式贩卖物品和服务，为人们提供支持）之间的不同。无意识的运动员角色扮演经验（我为了胜利与获得认可而竞赛）与有意识的运动员角色扮演经验（我借着与他人对抗而测试自己的力量与技巧，以充分发挥我的潜能）的差异，依此类推。

我们经常未注意到却总是强力塑造我们经验的角色，就是那些与性别（男性、女性）、种族（白种人、黄种人、黑人）和国籍（美国人、日本人、墨西哥人等）有关的角色。它们非常强而有力，经常影响你于无形，而且会在你毫无觉察的情况下掌控你的人格。

一个角色就是一个能量原型，或说样板，例如作为母亲、父亲、学生、艺术家等。当你进入一个角色，例如作为一名妻子或丈夫，就是进入了该样板或原型的能量圈里。可以这么说，你落入了它的重力场范围内，如同月亮绕着一个星球的轨道运行。譬如原本享受单身的情侣们，会在结婚之后发现彼此的关系改变了，过去不曾出现过的压力成为他们经验的一部分，因为他们通过结婚援用了婚姻、丈夫与妻子的原型，而那些原型会开始塑造他们的经验。

如果一个人未能觉察到自己对一个角色的认同，不假思索地利用此角色来获取安全感与价值感，那么该角色对他经验的影响力就会增强。譬如，他会以身为丈夫的身份与人互动，他的观点与经验也是由他对丈夫的角色与婚姻原型的投入塑造而成的。他从这些观点看待一切，而这些观点与其他原型的观点是有差别的。

你需要的不是被角色束缚，而是从角色中得到释放

高中时期，我在辩论方面表现出众，赞成或反对一个提案对我来说根本无所谓，只要能获胜就好了。输掉一回合已经令人痛苦万分，更遑论是输掉整个比赛。当时我不懂任何关于追求外在力量的事，也不了解人格里的恐惧部分是什么意思，但是我却切身体验了这两者。后来当我回顾自己在辩论比赛和其他方面所获得的成功时，感觉却如此空虚，于是我决定再也不利用自己的演说能力，达到操弄或控制的目的了。结果，当我开始演讲时，整个演说变得了无生气、单调无趣，一如我和他人的互动状况。当时我完全没想到的是，我用来赢得辩论比赛以获得安全感与价值感的那份同样的能

力，可以让我以不执着于结果的方式来与人分享真实力量。

我在决心活出真实自我（我的真正所是，真正的我）时，便将自己囚禁在一个严肃、深沉、付出关怀，而且毫无幽默感的"老师"角色里，但这样的角色反而阻碍了我以最有效的方式分享真实力量，并且让自己也玩得开心。当时我不了解是我选择了这样的角色，但其实我也可以选择其他角色来协助我解释真实力量，并且让自己沉浸其中。

五官人扮演的是活在地球上的人类这样的角色，多官知觉则为我们每个人提供一种正确的自我知觉，亦即一种饱含力量、富有创造力、慈悲且充满爱的灵性。这样的知觉不是一个角色，而是从各种角色里释放，获得自由。它也能为我们提供灵性伙伴关系，即为了灵性成长的目的而形成的平等伙伴关系，并利用它作为一种工具，协助那些自愿在五官感觉的领域中，学习力量、智慧、责任与爱，以支持彼此创造真实力量的灵魂。

当一个人为他的婚姻引进灵性伴侣关系，便踏入了由婚姻原型进入灵性伴侣关系原型的进化过程。这发生在数百万个婚姻关系里。五官人丈夫与妻子所面临的限制（情绪化反应与无意识选择的意图）与需求（外在力量），正在被一种更大的能力（情绪觉察与负责任的选择）与多官人的不同潜能（真实力量）所取代。当你选择了一个灵性伴侣的角色，即是为所有的角色带来一种新的知觉与观点：你明白了力量来自你人格与灵魂的一致状态。

文化与习俗一向主宰着五官人的角色，原因是，人格里的恐惧部分会选择自己可以接受的角色。而多官人则不会受传统角色的束缚。男性多官人可以选择当一个负责管理家务的父亲，也可以选择当一个执行长、木匠或护士；女性多官人可以选择在建筑工地工作、当一个专业人士、成为董事会的一员。他们对人类活动的全部领域开放自己，唯一算得上是限制的只有自己的性向与兴趣。多官人也会发展新的角色来发挥自己的创造力，让自己获得更深的满足感，并且丰富自己的生活，例如，发展"众人之友""生命庆祝者""生命共同创造者""地球共同创造者"等角色。

你越是能创造真实力量，你人格里的恐惧就越不会无意识地为你选择角色，你人格里的慈爱就越会有意识地为你选择角色，你也就越能够为自己的幸福安康做出贡献，为你参与其中的全体贡献一份力量。涵盖范围最广的全体就是生命，而最终将会召唤我们所有人的角色就是"宇宙人"。宇宙人是超越国家、文化、宗教、种族与性别的。宇宙人是宇宙的公民，他优先拥护的是生命，其余皆次之。所有的角色都是宇宙人的次角色，一个宇宙人会优先作为生命的一部分，其次才是作为一个美国人；会优先作为生命的一部分，其次才是作为一个男性；会优先作为生命的一部分，其次才是一个母亲／父亲／基督徒／犹太人／印度教徒等。一位能演奏许多乐器的音乐家并不是因为喜爱那些乐器才演奏，而是因为他喜爱音乐。一个宇宙人并不是喜爱角色，他热爱的是生命。

当你的人格与灵魂达成一致，你便不需要获得另一个更大的身份认同供你的恐惧剥削，你会清除你的恐惧根源。若你能创造真实力量并支持彼此获得灵性成长，你就能以人格里最健康的面向来为自己选择角色。当他人如法炮制，他们也会以人格里最健康的面向来选择他们的角色。

灵性伴侣会选择他们的角色。

那就是灵性伴侣关系的第二个动能。

14 伴侣关系动能三：说出最难启齿的话

怀有秘密是个沉重且折磨人的负担

旧式关系里的五官人会隐瞒他们深怕会破坏关系的事情，灵性伴侣则会分享他们担心会破坏关系的事情。这就是灵性伴侣关系里的第三个动能。

灵性伴侣知道，不去分享他们最害怕分享的事，就好比埋下一颗炸弹。若灵性伴侣藏有一个自己害怕会破坏关系的秘密，就是筑起了一道墙，这道墙无法攀爬、钻洞、从底下挖隧道，也无法拆除。这道墙穿不透，而且是无形的，它阻碍、破坏着彼此的亲密感。保有秘密的人不信任他的伙伴，而对方也会感觉到这一点。

秘密的负担会随着时间日益沉重，一个人必须随时保持警觉，以免一不小心透露出一些蛛丝马迹或泄露秘密。它会像鬼魅般盘踞保有秘密者的心头，这是一种无形且无止尽的折磨。害怕泄露秘密的恐惧，加上隐藏秘密的痛苦，将保有秘密者与他的灵性伴侣隔绝开来，阻挡在他们之间，如同一朵遮蔽阳光的乌云。

最终，秘密会扭曲每一个念头与行为，它所威胁的那段关系也将逐渐崩坏，难以维系，信任也会一点一滴、令人难过地消失。那个秘密对他人来说，或许不像对保有秘密者那般具有强大的破坏力，但是他为了隐藏秘密而付出的心力与因害怕秘密泄露而日益加深的恐惧，会让公开秘密变得越来越困难。只要这个秘密依然埋藏着，这段伙伴关系就无法依照它所设计的方式来运作。这个秘密可能是曾虐待儿童、曾身为受虐儿、曾犯罪或想要犯罪、暗自希望不好的事发生在对方身上或幸灾乐祸、不忠或怀疑对方不忠等。无论是什么秘密，都会因日益痛苦而不敢去思考、日益感到羞耻而不愿去记起、日益感到害怕而不敢说出口。最后，这颗炸弹终将爆炸。

埋藏在恐惧里的秘密是个沉重的负担，埋藏在爱里的则不然。例如，隐瞒同性恋情不让那些可能反对的人知道，是一种身心俱疲的经验；隐瞒带来惊喜的生日派对，则是一件开心的事。第一种秘密是由人格里的恐惧部分所隐藏的，第二种则是由人格里的慈爱部分所隐藏。如果生日派对的消息走漏，没有人会感到羞愧或不舒服、没有任何关系会遭受威胁，反而会更深化彼此间的连结。创造秘密的那份爱，会随着秘密的揭露而表露无遗。

当秘密是由恐惧所驱动，伪装于是取代了真实、虚妄取代了诚挚、欺骗取代了忠诚。自然流露的频率会减少，终至消失。创造力为隐藏秘密者带来的不是焕然一新的效果，而是心神上的耗费，例如圆谎：你必须为了掩饰前一个说辞而编造另一个虚假的说辞。任何你觉得自己不该如此却又如此或是想要如此的事，都是你的秘密。隐瞒它，对你而言无疑是一种束缚。无论是家人希望你学商而你喜爱的是音乐，或你其实是个会受女性吸引的女生或是会受男性吸引的男生，或是你在大家觉得你该节省时出手阔绰，或是你明明觉得嫉妒不已、怒不可遏或感到绝望，却认为自己不该如此——你都要带着疗愈的意图去超越自身的恐惧，迈向一个健康的生活。而维持在受恐惧束缚的状态，是无法让你做到这一点的。

在你能说出那难以启齿的事之前，你无法发自内心地说话，过着无惧的生活、创造健康，或是从他人那里获得支持。在恐惧下分享一个秘密（带着操弄与控制的意图）和在恐惧下隐藏一个秘密（带着操弄与控制的意图）是一样的，你都未能挑战人格里的恐惧，它们也会持续制造破坏性结果。当你带着创造真实力量的意图去分享一个秘密，便是迈向健全的生命。新的潜能会出现，你的恐惧也将无法再控制你。你培养了人格里的慈爱、挑战了恐惧。你成为真正的你之所是，而不是别人所期望的那个你，或你认为别人所期待的那个你。

诚实无畏地展现自己

1948 年，有两名兄弟在上埃及地区的拿戈玛第附近，发现了一个埋在沙漠里的陶罐，里面有十三册以皮革包裹的纸莎草书卷。他们将书卷带回家，他们的母亲用掉了许多书页作为火绒。学者们后来兴奋地发现，那些书卷是一批非常早期、现今称为诺斯底派（Gnostics，源于希腊字 *gnoōsis*，指称这些早期基督徒时，通常翻译为洞见 [insight]）的基督教徒所撰写的。公元 2 世纪时，教会宣布诺斯底派为异教徒，他们逃离基督徒教友，遭受迫害、面临死亡，于是他们将经典藏起来，1700 多年后才被那对兄弟在该处发现。

这些书卷后来被称为《诺斯底福音》。它们和你在旅馆抽屉里发现的《圣经》不同。事实上，当代的教会并未提起这部福音，也并未将它们包含在教会文献里，然而，它们对学者来说却是真实不虚的。《诺斯底福音》所描绘的耶稣基督与基督教面貌，和一般的福音图像差别很大。

如同《圣经》，《诺斯底福音》意图描述耶稣基督的言行。我最喜爱的其中一篇福音是《多玛斯福音》（*Gospel of Thomas*）。根据该福音，耶稣基督说：

如果你带出你内在的东西，
你所带出的东西将会拯救你。
如果你不带出你内在的东西，
你未带出的东西将会毁灭你。

如果你不带出你心中的真相，又如何贡献自己与生俱来的天赋呢？你如何能一方面害怕告诉父母、告诉老板，你想要辞掉银行家的工作，成为一名园丁，一方面又想要创造你渴望的生活呢？你如何能将孩子托付给丈夫照顾，决定去学医呢？或者，你如何能辞去一个终身职位，只为了陪伴孩子呢？如果你害怕他人会发现真正的你、你真正的想法、你真正想要过的生活方式，你又如何自在地活在这世界上呢？

我在离开军队数年之后，开始陷入间歇性忧郁，但是我却害怕对人述说我的痛苦。首先是因为顾虑自己会表达不清，又担心没有人能理解我，然后又担忧他人会评断我，最后是害怕我会将自己的痛苦加诸他人。这些都是我不向他人述说的理由。但是我从未想过自己内在不愿分享的深层意图，应该说，我根本从未想过"意图"这件事。每一次陷入痛苦的孤寂深渊，都让求助变得更困难，终至变得不可能，这些都是人格恐惧部分的体验。我不重视自己，也无法想象别人会重视我。这就是无力感之苦。我不知道自己能再承受多少次这种痛苦戏码，我觉得自己像个黑洞。就能量上而言，我的确是如此。

一颗无法冲破坚硬土壤发出新芽的种子，只能蜷伏着扭曲的身子等死。同理，无法冲破包覆着坚硬外壳的恐惧的潜能，也会感到挫败、憎恨、无望、气愤、暴怒。仇视自己是一种自我毁灭，停留在未能发挥潜能的窘境，滋养的是你人格里的恐惧，而非慈爱，它们会日益壮大。因恐惧而隐藏秘密就是选择孤立与封闭,而非亲密与自由。那个秘密会阻碍种子发芽、阻碍植物生长、阻碍花朵绽放。你就是一颗种子,植物是你的生命,而绽放就是你的真实力量。

灵性伴侣让你不再害怕分享恐惧

正当我与忧郁搏斗、对性上瘾、害怕缴不出房租的时候,有个朋友邀请我参加一个每周一次的物理学者聚会,地点在"劳伦斯伯克莱实验室"。当时我住在旧金山。那时的我并不知道,我的生命在那次聚会之后将开始发生变化。我对自己无意中听到的讨论议题:"我们是否创造了自己正在实验的实相?"深深地着迷。聚会之后,我满脑子都是会中的情景,我开始阅读量子物理学的相关书籍,求教于我新认识的物理学者朋友。随着我对物理学的基本概念越来越了解,我也变得越来越兴奋,而随着我变得越来越兴奋,我也越来越想要分享。因此,虽然我从未写过书,也从未攻读过科学,但是当我脑海中出现一个念头,想要针对和我一样的非科学家撰写一本关于量子物理学的书时,它来得是如此自然而且合宜。

我写的书是送给那些在我之后对量子物理学感兴趣的人。我想要将自己学到的一切"放在银盘子上"呈现给他们,包括那些亲切慷慨的物理学家们为我进行的个别指导成果。随着书中的内容逐渐扩展,我的心也随之开阔起来。在那之前，从未有过任何事像撰写那本书一样，让我如此投入、如此享受、如此满足。就在那本书出版之前，《纽约时报》刊登了一篇极佳的书评，很快地，此书荣获了数个奖项，而且被翻译成许多不同语言的版本。我著述的立意是尽我所能让最多的人了解量子力学，好让他们能将那些赋予他们力量的概念应用在生活上，也能尽量利用它的原则，而我办到了。这整个经验全然的美妙无比。

我在撰写那本著作之前、其间与之后的体验，充分印证了《多玛斯福音》里我最喜欢的那段话。当我疯狂追求性爱、骑着摩托车狂飙、尝试各类药物、企图证明我的男子气概时，我内心那未带出的东西正在毁灭我，但是我并未认知到这一点。克里希纳曾告诉印度史诗《摩诃婆罗多》里的一个英雄："毁灭从不去接近手上的武器，它会蹑手蹑脚地悄悄来临，让你在好事里看见坏事，在坏事里看见好事。"我对过去的自己与过去的行为感到骄傲，即使那是一段忧郁与愤怒侵蚀着生命的日子。毁灭已经蹑手蹑脚地来临了。

一切的痛苦体验，包括愤怒、嫉妒、忧郁、对性的需求，以及担心付不出房租的恐惧，都在我埋头撰写那本书时烟消云散。我为生命带来了我的第一份礼物，并且在那过程中改变了自己的生命。撰写自己的书需要下定决心，而在我的例子里，这个决定来得十分容易。我从未能觉察到自己所做的那些牵引我走向忧郁与狂暴地狱的决定，但是我却能觉察到自己想将他人赠予我的礼物回赠给他人的选择。就是这个选择，让一切从此变得不同。

灵性伴侣拥有多官知觉，他们经常会知道你在隐瞒什么秘密，他们也知道你为何隐瞒（你人格里的一个恐惧部分处于活跃状态，但你并未挑战它）。"你是不是被那个穿绿衣服的女人吸引了？"琳达在我们跳舞时这么问我，当时是我们刚开始约会的其中一个晚上。我觉得很窘，因为琳达看穿了我企图隐藏的愿望，也就是我人格里的恐惧部分盯上了我在这地球学校的一位同学，并将她视为猎物。我当时很害怕，因为我想要发展我们新建立的伙伴关系，而不是在那一晚就将它扼杀。我人格里的恐惧企图借着勾引女人来获得安全感与价值感，而我打算挑战它，并且持续向它下战帖，直到它不再折磨我为止。

我不知该如何向琳达解释，说我人格里的一个恐惧要的是一件事，慈爱要的又是另一件事，而我打算以慈爱来创造。同时，我也感受到自己被吸引，还有我的困窘、我的恐惧。"是的。"我说。琳达没有生气。或许她是在挑战自己人格里的恐惧，但是她带着欣赏的表情看着我，对我说："我知道。我从来没有和像你这样的男人在一起过，在我提出心中已经有答案的问题时，能这么诚实地回答我。"在琳达眼里，一个不诚实的回答会将我们新建立的伙伴关系，丢入她企图避免的、无法令人满意的关系类别里。"这对我真是个全新的经验，"她继续说，"我觉得很神奇。"

当灵性伴侣支持彼此挑战并且疗愈他们人格里的恐惧，带着勇气与诚正之心培养并强化他们人格里的慈爱，等待着他们的就是令人感到满足与惊奇的体验。旧式关系里的五官人会将焦点着重于他们的秘密，灵性伴侣则将焦点聚焦于挑战那些需要秘密的人格恐惧面向。要放任你人格里的恐惧或者挑战它们，都是一种选择。要因恐惧而隐瞒秘密，或者因爱而分享它，也同样是一种选择。

若你能挣脱秘密的囚笼，你将会吸引到不再需要秘密的人。你会与他们相应，一如你之前与那些害怕分享秘密会破坏关系的人相应的情况。带着创造真实力量的意图去分享那最难以启齿的秘密，需要一颗清明的心与切合时宜的情况。举例来说，对一名店员吐露你对色情书刊或影片上瘾，就是不合时宜并会造成反效果的；而与那些能够理解并支持你的人分享，例如你的灵性伴侣，便常常是踏出第一步的好主意。你的分享方式也可能是充满戏剧性、在大庭广众下进行的。你越能够挑战自己人格里害怕分享的恐惧部分，就越不会畏惧别人发现那些部分想要隐瞒的事。

五官人会藏着秘密，以此操弄彼此。他们会保护他们的秘密，与他们的秘密一同老去，而且经常是带着秘密走进坟墓。灵性伴侣会将他们最害怕会破坏伙伴关系的事分享出来，以此创造真实力量。

他们想要的是活在爱里，也死在爱里。

灵魂疗愈摘要 2
什么是"灵性伴侣关系"的内涵?

一种新形态的人类关系正在取代每一种旧形态的关系，这种新式关系是为了创造真实力量的新兴多官人类而设计的。

"灵性伴侣关系"的内涵
- 灵性伴侣关系是一种为了灵性成长而建立的平等关系。
- 友谊关系不是灵性伴侣关系。
- 只有灵性伴侣关系能满足一个创造真实力量的人。
- 创造真实力量的人会自然而然地与彼此形成灵性伴侣关系。
- 灵性伴侣关系的必要条件是所有伙伴之间的平等。
- 每一个灵性伴侣都必须在自己内在创造这份平等性。
- 灵性伴侣们：

——只要一起成长，就会在一起；
——选择他们自己的角色；
——会将自己最害怕会破坏伙伴关系的事说出来。

了解灵性伴侣关系的内涵，能让你认出它们、对它们做一些尝试与实验，并且珍惜它们。这样的关系完全不同于过去所有的关系形态，被这种关系所吸引的个人也完全不同。

　　了解灵性伴侣关系与体验灵性伴侣关系是不同的两回事。当你创造了一份灵性伴侣关系，你将体会到过去无法想象的益处，而这份关系的经验是具有疗愈效果的、深刻的、真实不虚的。

15　体验真实无伪的亲密感

在爱里相遇，并开展灵性伴侣关系

　　承诺创造真实力量是一段灵性伴侣关系的先决条件，而灵性伴侣关系的益处就是创造真实力量，这两者是相辅相成的。真实力量与灵性伴侣关系是同一颗宝石的不同切面。当一颗宝石（多官知觉）出现时，它的各个面向也会同时现身。

　　创造真实力量是一个内在过程，只有你自己能觉察到你的情绪，能听从你的直觉，能适当应对而非做出情绪化反应，并且有意识地以你的意志将能量塑形成物质。从孩童成长为成年人不需要意志。肌肉与神经会自己生长，自我认同会自己形成，观念上的理解也会自行发展，这些全都不需要你的意志介入。将自己从使不上力蜕变为有力量的，则完全是另一回事了，那需要你的人格与灵魂达成一致，而要让你的人格与灵魂趋向一致，需要你的意志。灵性伴侣会承诺让他们的人格与灵魂达成一致。

　　灵性伴侣关系的好处多到有如遍布沙滩上的沙子——温柔突然取代了死板与评断、亲密感在一段走向绝望的旅途之后重返、对意义与敬畏感重新觉醒过来、敬意取代了轻蔑，以及无数其他清醒而健康的经验取代了孤立与痛苦的体验。

这每一项都能改变一个人的一生。换句话说，灵性伴侣关系提供了灵性伴侣无数的机会在爱里开展，去体验恩典并创造真实力量。任何的益处清单至多都只能算是一部分，算是一群道路指标，每一个指标都指向更多潜在的目的地。无论你人在哪里，指标都会出现，呼唤你一直朝着你最高的潜能、朝着你生来注定要活过的生命与至福前进。

得益于灵性伴侣关系帮助的例子

灵性伴侣关系所带来的裨益，是你所能达成的最高目标，例如从恐惧中解脱的自由；也是你所能发展的工具中最踏实、最实用、最有益的，例如知道如何利用权力斗争来获得灵性成长。灵性伴侣关系的所有益处都是相互关联的，一个帮助会引导出其他的，以下是几个例子。

• 对自己的爱。爱是一种存在状态，它不是一种情绪或适当的应对。你无法创造爱，但你可以体验爱，而当你体验到爱时，它会将你包围。你无法爱一个人或一件事多过另一个。爱会让一切都变得无比珍贵，包括你自己。爱消除了所有的限制。爱无限制、无条件、无评断，也无隐藏的动机。手电筒可以开启、关闭，但是太阳无法关闭。将需要与爱混为一谈，就好比将你的手电筒与太阳搞混了一样。当你爱的时候，你和爱变成无分别的，对他人的爱与对你自己的爱也变得难以分辨。

•意义与目的。朝着你的灵魂想要你去的地方前进，能为你的心填满意义；朝着别的方向走，会削弱你生命中的意义；朝着相反的方向前进，更是会让你的生命变得毫无价值。和谐、合作、分享与对生命怀抱敬意的意图，能带领你抵达灵魂欲求之处，走向人群、生命、健康，走向内在的心满意足而非暂时的知足、喜悦而非快乐。你的生命变成值得活的，你也变成一个值得去活出生命的人。这些都是真实力量的体验。

•有意识地共同创造喜悦。每个物种和个体都喜爱游戏（play）。孩童会和草地、花朵、宠物、食物以及同伴游戏。戏剧（play）①、音乐、电影、体育以及社会互动，都是游戏的形式。创造力就是游戏，共同创造则是游戏的精华。你生命中所展现的恐惧越少，可能的游戏类型就越多。当恐惧不存在了，一切都是玩耍嬉戏。运动员喜爱出神入化的状态，音乐家喜爱忘我的境界，艺术家喜爱创作的能量，因为恐惧已不存在了。灵性伴侣若能学会无畏无惧地共同创造，他们的作为就成了一种玩乐。

•真正的勇气。勇气能在你人格里的恐惧部分活跃时，敦促你采取行动。有些充满勇气的行动是高尚的，例如做一些危险的事、冒着受伤的危险拯救他人（追求外在力量）。当你为了被接纳、受到崇拜，或为了获得成功而挑战自己人格里的恐惧面向，恐惧便会激发出勇气。当你为了他人利益或创造真实力量而挑战人格里的恐惧面向，爱则会激发出勇气，而那才是真正的勇气。人需要勇气，才能为了证明自己的价值而去做危险的事，例如跳伞、战斗巡逻等；但是去挑战人格里那个想要咆哮、评断、憎恨、退缩或暴怒的恐惧，却需要更大、更多的勇气。创造真实力量需要的就是这种真正的勇气，灵性伴侣会帮助彼此发展这种勇气。

● 来自诚正之心的亲密感。诚正之心就是礼敬你人格里最健康部分的需求。诚正之心和道德感不同，道德感是觉得为了尊重文化、同侪或家庭的期待，而"应该"去做什么事。如果你不"遵从你的道德感"，你便会心生罪恶感。诚正之心代表的则是健全。以诚正之心过生活，意味着根据你人格里最健康的面向来行动、选择慈爱的意图，并且以建设性的方式来创造，即便你是恐惧的。诚正之心为亲密打开了大门，灵性伴侣会一起通过那扇门。

● 利用麻烦事与悲剧获得灵性成长的能力。"麻烦事"与"悲剧"都是人格里恐惧部分的经验。当你说："这真是一个悲剧啊！"你其实可以更正确地说："这真是一种恐惧啊！"当你被卷入周遭或内在的麻烦事之中，你也可以保持超然，认知到那只是一个恐惧的经验。然后运用"灵性伴侣关系指南"（请见第十六章），扫描你的情绪能量系统、听从你的直觉，然后做出负责任的选择。灵性伴侣会协助彼此完成这些事。

• 对灵性成长的深刻承诺。承诺是灵性成长的基石，若缺少了它，你顶多是在念头、愿望、欲求与不踏实的渴望之间随波逐流。而最坏的情况是被你人格里的恐惧部分吹得东倒西歪，就像狂风里的一滴小雨滴。承诺获得灵性成长，亦即创造真实力量，能让你坐上生命的驾驶座。若少了承诺的支撑，你所踏上的旅程，将带你前往一个由你人格里的恐惧所选择的难受之处。当你抵达了一个由你自己所选择的、能以不可思议的方式满足你，并为你带来喜悦的目的地时，真实力量与灵性伴侣关系的益处就会变得无可否认。你不需要再相信它们，因为你正在活出它们。你就是如此去发现一件事：对你来说，没有什么比获得灵性成长更重要了。

• 对自己和他人的慈悲心。如果你无法分辨你人格里的恐惧与慈爱，你自然就无法区别出其他人格里的恐惧与慈爱，例如，"对环保的热情"可能源自爱，也可能源自恐惧。当我站在触目所及的整片树林皆被砍伐殆尽的空地前，而对伐木业感到深恶痛绝时，我的热情是源自恐惧（无力感）。而当我对地球母亲、对我的生命心生感激，对周遭那细致、微妙又美丽的生态系统感到由衷敬畏时，我的热情就是源自爱。为了获得价值感或优越感而去保护环境，是一种源自恐惧的热情。因为你爱生命，而能在不让他人变成坏人的情况下保护环境，则是一种诞生自爱的热情。当你能够体验到你所有的热情（人格里的恐惧与慈爱），并了解到其他人也有他们人格里的恐惧与慈爱时，慈悲心会自然而然生起。

● 体会宇宙即是慈悲与智慧。如果你住在一栋白色房子里，你不需要去信任房子是白色的。如果朋友在你外出旅行时为你搬了新家，在你亲眼见到之前，你就必须信任他们，相信房子外观的颜色就是他们告诉你的颜色。你越是信任你的朋友，对新房子的颜色就越不会怀疑。但是在你亲眼见到之前，你永远无法确定。当你踏上灵性道路，你信任宇宙是慈悲的、有智慧的，因为直觉与你的一些经验是这么告诉你的，或至少你对这种可能性抱持开放的态度。当你创造了真实力量与灵性伴侣关系时，你的经验会告诉你令人惊讶的美好结果。最终，你会在你的每一个经验里看见灵性成长的机会，包括那些痛苦的体验，同时，你也会在他人的经验里看见这样的机会。那么，宇宙的慈悲与智慧就不再需要你的信任了，因为你已经亲身体会到这件事。这就是你生来注定要去活过的体验。

那些路过的过客、随便逛逛的人或灵性观光客，无法获得灵性伴侣关系的益处，因为它的必要条件是真正参与灵性伴侣关系。灵性伴侣关系是一个舞台，让你与其他人一同发现并挑战你的恐惧，探索并培养你的慈爱。那是一种联合的实验、大胆的冒险，为的是进入永恒当下那永远如新的领域。你在自己内在所做的改变是永久的，你或许可以忽略你看见的和你学习到的东西，但是你无法倒转你的看见、倒转你的学习。一旦你探索了自己人格里的恐惧与慈爱，你就会在它们活跃时认出它们，并且识别出在它们之间做选择的必要性。你可能会创造建设性结局，也可能创造破坏性结果，但是你再也不能否认你对自己的创造所要担负的完全责任。

制造出空虚与痛苦的动能，亦即宇宙的创造、因果与吸引力法则，同样也能创造喜悦与意义，端看你做出什么样的选择。灵性伴侣会反复尝试、实验这些动能，协助彼此做出有智慧的抉择。

---

① play 在英文字里同为"戏剧"与"游戏"的意思。

灵魂疗愈摘要 3
"灵性伴侣关系" 能带来什么帮助?

灵性伴侣关系的益处

• 灵性伴侣关系的益处是真实力量。

• 真实力量是你的心渴望活出的生命，是一个内心满足、感恩、关怀、有耐心、有意义、富有创造力与慈爱的生命。

• 有智慧地运用灵性伴侣关系，能满足你人格里慈爱面向的需求。它能创造人间天堂，无论发生什么事，确实是无论发生任何事，你都活在其中。

当你了解了这些关于灵性伴侣关系的要点，你能想到的最重要问题、你最迫切需要知道答案的问题、同时也是你一辈子不断在问的一个问题，那就是：如何创造灵性伴侣关系？如何获得真实力量？如何支持他人创造真实力量？

现在永远是提出与回答这个问题的正确时机。请继续读下去吧！

Part 3

如何创造"伴侣关系"？

16 伴侣关系指南：开启真实力量的四把钥匙

创造真实力量的工具

真实力量的创造是一个过程，而非活动。它一刻接着一刻地开展，响应着那恒常变动、永不相同的情况。即使是看似同样的状况，例如，感到不堪承受的重复经验或持续的权力竞争，其实也都是全然迥异的。如同一片雪花，结合着不同的意识状态、意图与行为，每一刻都独一无二。和雪花不同的是，每一刻的复杂性更加盘根错节，其纠缠的程度远高于一个几何形体所能及。你在每一刻都是不同的，你身边的人也是如此。真实力量即是在这种万花筒般、千变万化的脉络之下创造而成（或创造不成），万花筒的每一次转动都能带来新的机会与挑战。

例如，一场争执能火速演变为友善的和解，而一次友善的交会也能即刻演变为一场误会。你人格里的恐惧或慈爱受到激发，在每一刻投入了它们的思想、意图、言语和行为。同样的动能也会发生在与你互动的人身上。没有任何公式或规则能引导你度过千变万化的每一刻，更遑论是由每一刻所串起的整个人生。你无法事先决定自己的反应，因为你不知道下一刻会为你带来什么，你甚至不知道下一刻你是否还会在这个地球学校，更别提知道别人会做些什么了。

即使有一种计算方式能预测从地球发射的火箭抵达火星的时间与地点，它也无法预测你和他人在下一刻会做何选择。别人在选择性方面和你一样是不受拘束的。你的身体受制于自然法则（例如，根据重力法则，你从跳水板上一跃而下时会加速），但是你的意志却不受其限制，你可以自由地选择生起种种意图。在当下，那恒常变动的丰富样貌中，你的选择能力依然保持不变。哲学、神学、心理学与生理学都探讨过我们对变化的应对能力，但是诸如此类的简短导览，都是受限于理智的一种思想探险。

多官人不会受限于理智，他们的探险远远超越了理智的范畴。理智是多官人雇用的员工，而不是雇主。他们会使用理智来帮助自己了解真实力量、了解创造这份力量必须使用的工具。然而，运用那些工具会带领他们来到经验的领域，那是理智无法料想或掌握的。随着你成为多官人，你会开始运用理智，而非让理智利用你。想象一个正在学习园艺的孩子第一次了解到可以利用玩具铲子来种花，而不一定非要种菜不可。一个重大的改变于是发生了——不再是由工具来决定他要如何使用它，而是由他来决定如何运用工具。

一个第一次真正了解真实力量为何的人，即知道它是什么、如何创造、为何它是必要的等，就如同一个园丁第一次站在一块完美的土地上，意图栽种出一座最棒最美的花园。若缺少了他的意图，这块土地就不会有任何改变，花园也不会出现。你的完美土地就是你的生命，若缺少了挑战与疗愈你人格里恐惧部分的意图，你将依然是个爱生气、爱嫉妒、满怀怨恨、需要取悦他人、需要主导一切、喜欢评断他人、评断自己的人，并会以无数痛苦的方式持续掩饰无力感之苦。执念（例如，"我很笨""我一文不值""都怪我""我不被爱"等）、强迫性的需求（例如，工作狂、完美主义者、寻找救主等），以及上瘾行为（例如，抽烟、喝酒、暴食、性成瘾、看色情影片或刊物、赌博等），将会持续出现。这些都是长在你土地上的杂草，一天又一天、一个月又一个月过去，它们阻碍你想栽种的植物健康生长，例如感激、耐心、欣赏、满足等。

灵性伴侣就是一大片相毗邻土地的园丁，彼此分享着各自的知识、经验与技巧。他们分享着创造真实力量的爱、信任与承诺。他们的生命远比园丁的生命复杂许多，但是他们和所有的园丁都有一些共同的基本特点：除非园丁拔除杂草，否则杂草会持续生长；除非园丁栽培花朵，否则花朵不会绽放。要在花园拔草和种花，所需要的工具就是情绪觉察、负责任的选择、直觉，以及对宇宙的信任。你越常使用这些工具，就越能够创造真实力量。当创造真实力量成为你最优先的选项，你就会持续善用这些工具。

唯有通过练习，才能造就一位好园丁。对园艺的承诺与辛勤地从事园艺工作，能将那些光是阅读园艺理论的人与那些实际动手和土壤一起工作的人，区分开来。实际动手的人会反复试验、观察，并对新芽成长为植物、开花结果、散播种子然后消失的过程感到惊奇不已，那些经验的美妙与力量是无法从书上找到的。尽管如此，书本对新手园丁和有经验的园丁来说，仍是有帮助的。

你若不了解自己的人生使命（花园），也不花心力去发展培育它的工具，你将会让自己感到筋疲力尽、挫折连连——有时将一件事做得很好，有时不好，有时则浑然不觉。这就是一种"未经检视之生活"的体验，更现代一点的名词是"无意识的生活"，而一个更精确的用词是"情绪化反应的生活"——一个经常被你人格里的恐惧所控制的生活。要将一个未经检视、无意识、情绪化反应的生活，蜕变为一个充满觉察、深思熟虑而且充满喜悦的生活，关键就在于创造真实力量。

真实力量指南

灵性伴侣会学习如何区别爱与恐惧、做出负责任的选择、听从他们的直觉，并且与生气蓬勃的宇宙一同创造。他们所经历的各种经验驱策着他们进入崭新的领域，他们也会一起探索这些领域。"灵性伴侣关系指南"能对他们有所帮助。指南的内容十分清楚易懂，但是唯有实际去应用，才能将受害者经验蜕变为创造者经验，或将追求外在力量所带来的挫折与痛苦，蜕变为创造真实力量所带来的满足与充实。

从事园艺工作就是成为园丁的方法。同理，创造灵性伴侣关系的唯一方法，就是创造真实力量。"灵性伴侣关系指南"会告诉你如何在各种情况、各种时间，以最有效率、最易上手的方式，创造真实力量。你越常参考这份指南，就会越常使用它，而你越常善用它，它就越会成为你意识里的一部分。无论有什么样的挑战生起，什么样的忧郁来临，或你内在引爆了什么样的怒火，或是急躁、优越感、自卑感、取悦他人的需求、嫉妒、执迷、强迫症、上瘾症，或你从他人那里承受的野蛮行为等，"灵性伴侣关系指南"都能告诉你如何创造真实力量。倘若你能善加运用这份指南，就没有哪件事不能成为你旅途中的助力了。

这份指南同时也是"真实力量指南"，运用它，你就能创造真实力量，无论他人在做什么都无关紧要。你将它视为创造灵性伴侣关系的指南也好，创造真实力量的指南也行，它都是你除了情绪与直觉之外的最有效资源。它能提醒你去体验你的情绪、听从你的直觉，然后帮助你付诸行动。它唯一的灵魂目标就是协助你创造真实力量与灵性伴侣关系。

"灵性伴侣关系指南"不会说教，不会指挥你或命令你。它不是道德命令、哲学结论或神学指示。这份指南就像是一本与人分享发现的日志，等候其他科学家同伴来证实或反驳。"灵性伴侣关系指南"是一些假设，而探索灵魂层面的科学家会通过亲身经验来证实或反驳。指南永远会为这些科学家们指引他们最健康的选择，帮助他们在迷失的时候发现自己的能耐，并随时创造出真实力量。

在我们创造真实力量与灵性伴侣关系，并分享我们的发现之际，"灵性伴侣关系指南"会持续进化。不管有什么新的指南出现，它都将支持你，而非造成你的负担。它会为你打开好奇与创造力之门，而不会以教条束缚你。它会彰显你的潜能，而非隐藏你的潜力。它会让你看见你的爱与恐惧、喜悦与快乐、内在的满足与成就有何差别，让你一再地将注意力回归至一己选择的力量上。

无论"灵性伴侣关系指南"（真实力量指南）以什么形式出现，它永远会将你的注意力引导至你的情绪上、你灵魂的力场上，然后协助你发展情绪觉察技巧，支持你利用你的情绪——更明确地说，是觉察你身体里诸如胸腔、太阳神经丛、喉咙等特定部位的感受，然后借由这些感受来创造真实力量。它会指出你选择的基本角色，以及你意图的本质，然后支持你做出愿意负责的决定。它会协助你让直觉成为你做决定的主要机制，而非被理智所牵引，然后支持你善用直觉。它会将你灵魂的意图带到你经验与努力的最前线，也会帮助你利用经验来测量你潜在思想、言语和行动的灵性效力。随着多官知觉取代了五官知觉，数百万人也进入了一个一己觉察与世界双双扩展的境地。"灵性伴侣关系指南"将让越来越多的人受惠。

地球学校持续提供你机会去体验并疗愈人格里的恐惧、经历并培养人格里的慈爱。而只有灵性伴侣关系能够提升、深化这些不断来临的机会，并且让它们更容易运用。它们的设计是意图协助你进行一些事情，以下是其中几个例子：

- 利用你的关系创造真实力量。
- 进行有意识的、建设性的沟通。
- 以健康的方式成为一个有勇气的人。
- 对自己和他人都心怀慈悲。
- 以诚正之心来行动。
- 在他人人格里的恐惧变得活跃时，无条件地鼓励他去挑战那个恐惧，并支持他。无论他是否决定要去挑战，都能为你自己创造真实力量。
- 在他人人格里的慈爱变得活跃时，无条件地鼓励他去培养那份慈爱，并支持他。无论他是否决定去培养，都能为你自己创造真实力量。

"灵性伴侣关系指南"不需要你相信，它会通过你的经验引领你对宇宙产生信任。多官知觉让你能从灵魂观点而非人格观点看待日常经验，让每一刻、每个人的每个经验里的慈悲与智慧都能够彰显。这不是什么神秘的知觉，而是一种多官的知觉，以爱与信任取代恐惧和怀疑，让它能够越来越清晰地浮现。此外，创造真实力量与灵性伴侣关系所获得的建设性结果，也已经变得无可否认了。

多官知觉是一份来自宇宙、随时可用的礼物，你只需要打开它，就能立刻运用它！真实力量是一种伴随多官知觉而来的潜能，它需要被创造，而且你只能在自己内在创造。"灵性伴侣关系指南"是专为某种旅人（如我们一般）所设计的特别版旅行指引，这些旅人穿梭于地球学校，他们刚刚受到多官知觉的启发，暂时投入时空物质与二元对立的经验里，同时通过选择来学习如何让我们的人格与灵魂趋向一致、如何给予我们的灵魂想要给予的礼物。它带领我们一步步经历承诺、勇气、慈悲，以及有意识的沟通与行动，在我们从无力感迈向拥有力量，亦即从恐惧到爱、从空虚到意义、从痛苦到喜悦的旅程中，为我们每一个人指出它的力量、它的美好，以及它的必要性。

17 伴侣关系指南（一）：承诺

有意识地选择、有意识地守护承诺

在我最喜爱的夏威夷文化里，我最爱的就是"阿啰哈"（Aloha）。尽管它难以解释，但仍是夏威夷文化中最为人所知的部分。它的意涵并不难体会。当一个人拥有阿啰哈，他会散发出喜悦、欣赏、欢迎和爱。阿啰哈是敞开、接受、富含力量的。它滋养着生命，也接受生命的供养。心中有阿啰哈的人是轻松愉快的。我曾在领养我的苏族（Sioux）叔叔和东方僧侣身上看见阿啰哈的特质，那是错不了的，我觉得自己受到欣赏、倾听，被欣然地接受。在提出实际问题与探索有意义的主题时，我也感到很安全。我对阿啰哈的体验越多，就越能够欢迎他人进入我的生命。虽然夏威夷人遭受到许多剥夺，然而一些人依然能让阿啰哈活在他们心中，我总是对此感到惊叹不已。

我也因同样的理由，对我们的原住民亲戚感到十分惊异——为何有些人竟能坚守着疗愈、智慧与慈悲的古老传统，甚至对那些曾背叛、虐待、杀害他们祖先的人，亦同样以此方法对待他们？这些原住民的力量到底来自何处？

对于那些选择爱而非愤怒、选择在当下做出建设性贡献而非为过去报仇的非裔美国人，我也因同样的理由而对他们感到赞叹。马丁·路德·金博士与马尔科姆 X（Malcolm X，美国黑人民权运动领导人物之一），都是我心目中的英雄。当我得知金博士曾一度因为忧郁而失去一切能力，甚至连为自己穿衣服都做不到时，我对他的敬佩更是无以复加。是什么让他在自己的爱之道途上如此坚定呢？是什么让甘地在狱中、在遭受殴打时、在周遭卷起宗教战争的风暴时，身心依然保持镇定、安住于内在的中心呢？是什么让囚禁在纳粹死亡集中营里的维克多·弗兰克尔[①]，在某个时刻看见了改变他生命的一件事，那就是纳粹无法夺走他爱的能力呢？

无论是年轻人或老年人、男性或女性、来自哪一种文化与种族，举凡能以无比的勇气体验恐惧的深度并以爱来行动的人，都深深启发了我。他们之中有些人广为人知、家喻户晓，有些则除了某些曾蒙受他们恩泽的人之外，并不为人所知。他们全都承诺以爱而非恐惧来行动。随着我们成为多官人，我们也会开始一起成为同样的英雄，或至少在看见那份爱的承诺时，生起钦佩之心。

每个人都会承诺全心投入某件事。如果你不确定你的承诺是什么（即使你认为自己知道），请看看四周，你会看见它们反映在你身上。当我身为军人时，我努力获得赞美、崇拜与性爱。我未曾从承诺的角度来思考，但如果我当时能从一个非个人观点来看待自己，我便能及早认出我对性爱与崇拜的投入程度有多么深。这些目标是如此地持续不变、如此地熟悉，以致我未能认出它们也是一种承诺，并且不了解还有其他的承诺可供选择。虽然如此，那仍无法阻止这些目标塑造我的经验并创造出结果，而且其效力与任何有意识地考虑、有意识地选择、有意识地守护的承诺一样大。

多数人都全心投入创造外在力量，即使他们认为自己全心投入的是某些健康的目标亦然，例如负担一个家庭或保护环境等。他们只是尚未发现自己最深的意图是什么，其他人则已知道他们全心投入创造外在力量。在这两种例子里：觉察到自己投入外在力量与未觉察到自己对外在力量的承诺，对外在力量的追求都是一个带来破坏的死胡同。

承诺投入爱，还是承诺投入恐惧？

我在撰写《物理之舞》这本书时，非常投入，兴奋不已，整个人洋溢着喜悦之情。我知道我是为了他人而创造，尤其是那些继我之后也对量子物理学感兴趣的人。那些经验不可能视而不见，因为对我来说，那是如此新颖、如此独特。我不再好评断、好嫉妒，而是钦佩并且欣赏量子理论的建立者，有些人在建立这套理论时，和当时在写书的我一样年轻。我不再担心付不出房租，我每天早晨醒来都迫不及待要开始写书。如果我当时能从一个非个人观点来看待自己，就可看见我已承诺全身心投入带给他人一份能够获得力量的礼物，而创造它令我满怀喜悦。

如果你能从一个非个人的观点来看待自己，就能立刻看见你所全身心投入的是爱还是恐惧。如果你经常怒气冲冲、心怀怨恨或嫉妒，咆哮或出现情绪退缩，满脑子充斥着评断的念头或总是寻找一个救主，放纵自己成为工作狂或完美主义者，无可救药地贪恋酒精、性爱、药物或赌博成瘾，或有暴力与性幻想，而你却未挑战这些经验对你的控制力量，这么一来，你就是承诺全身心投入恐惧。即使你认为自己是承诺要全身心投入国家、文化、理想（例如，和谐、创造、分享与对生命的敬意）或者目标（例如，保护环境或终结战争），你依然是承诺全身心投入恐惧。

爱与恐惧是人类经验里的两大承诺，彼此互相排斥。人格里的恐惧与爱，有时会同时变得活跃（这是一个人格分裂的经验，譬如我爱我的兄弟，可是我不喜欢他），但你的承诺将会决定你会依据何者而采取行动。如果你承诺投入恐惧，你会做出情绪化反应；如果你承诺投入的是爱，那么你会适当应对出负责任的选择。如果你承诺投入爱，却表现得情绪化，而不是适当应对，你便会重新回归至你心中的经验，从中学习，然后以你所学帮助自己在下一次以爱来响应。

每一个人格里的恐惧部分都承诺投入恐惧（追求外在力

量），而每一个人格里的慈爱部分都承诺投入爱（创造真实力量），你必须二选一。别人选择什么与你无关，你的选择才是重点。承诺投入恐惧会令你生起希望也会粉碎希望，会令你感到雀跃也会感到失望，会成功也会失败。承诺投入爱会带来内在的满足、精神上的鼓舞、笃定感与祝福。你的承诺引导着你的选择，而你的选择将创造你的经验。

爱与恐惧是人类经验的两个极端，它们共同包含了人类行为的每一种可能。它们是地球学校里的"招牌经验"，有赖于每个人在每一刻从中选择。而唯有承诺投入爱，才能在恐惧如磁力般的吸引力变得无比强大时，让你去选择爱——例如当喝酒的需求令人无法招架，或愤怒在你内在失控爆发，或你觉得自己一定要赢得某一场权力斗争时。唯有承诺投入恐惧，才会阻止爱填满你的生命，并且将你和同样承诺投入恐惧的人聚在一起。

若缺少了对爱的承诺，当你人格里的恐惧活跃时，你就无法选择爱。你反而会咆哮、退缩，在情绪、性或心理方面剥削他人，或喝酒、暴食、抽烟、滥用药物等。你会以无数种熟悉的方式，以执迷的念头、强迫性行为或上瘾的行为，掩饰无力感之苦。每一次，你都只是暂时地麻痹自己，但是麻醉药会消退。当你对爱做出承诺，宇宙将会协助你，你永远都能立刻获得支持，帮助你找到最健康的选择。尽管你人格里想要健康的部分非常微不足道，但它却有整个宇宙作为后盾。这就是为什么承诺投入爱总是能带来蜕变与疗愈，并为创造力开辟出一条康庄大道。

对爱的承诺，让一切正向的力量成为可能

承诺有程度之分。有时候一份对爱的承诺是实时、深刻而明确的。即使深陷痛苦情绪当中，这份承诺力量依然能让人重新取得平衡与正确的观点。例如，有位美洲原住民朋友告诉我，许多年前他是如何戒酒的。"有一天晚上，我在喝醉酒走回家的路上摔倒了，爬不起来，"他说，"我整个脸埋在泥土路上猛呕吐，但我却动弹不得。我想爬起来，而四下没有人可以帮我。我非常痛恨自己。之后，我对自己说：'我再也不会让这种事发生了。'"它果真没再发生过。现在，他主持的非营利机构致力于为企业与政府机关传授原住民智慧。

其他人会抱持好奇的态度。他们对爱的承诺不深刻，但已足够带领他们理解真实力量的概念。有时候，他们会在电视节目上听见关于真实力量的信息，或浏览我们的网站，或阅读像这样的书。承诺投入真实力量的创造，甚至只是拿来试验一番，都能让一个人踏上灵性的道途，或让他在这条路上走得更远。

每一次，你体会到自己其实不需要受到愤怒、嫉妒、怨恨，或被食物、性爱、酒精、赌博的渴望所控制，你便能够

开始体验到生命的某种自主性，那是过去不曾存在的。你的选择和经验之间的关系变得难以否认，它会成为解放你的关键。即使只是浅尝这份自主性，便已足够在你觉得苦恼、愤恨或绝望时提醒你，让你知道自己不需要再继续受到恐惧的控制。发现泉水之后，你就不需要再口渴了。每一次，你挑战自己人格里的恐惧，就是再度饮用甜美的泉水，然后，你人格里的恐惧对你的掌控就会松开一些，最终，它会完全消失无踪。一道火光已经点燃了，它在你内在燃烧得越光亮，就越能照亮你人格里的恐惧和慈爱，提供给你获得灵性成长的机会。

你饮用越多的泉水，就越不需要再承诺重返该处。你口渴的时候，需要承诺你会喝水吗？肚子饿的时候需要承诺你会吃东西，或疲倦时需要承诺你会休息吗？你对健全生命的渴望会呼唤你，吸引你的注意，无论你人格里的哪一种恐惧正在活跃——可能是某种痛苦感受正在复发，猛力地打击你，燃烧、猛刺着你或让你的身体疼痛不堪，也可能它们正在思考某种令人沮丧、充斥着评断或暴力的思想，又或者它们在体验着什么样的无望感或无助感，这些都无所谓。一个全新而健康的潜能将会浮现，就只差一个选择的距离。你越常选择它，就越容易将它带入你的生命中。

承诺去爱、获得灵性成长或创造真实力量，让你可以每天运用在你的意志上，它具有向下扎根的效果，你能利用每一个经验来创造建设性结果，而非破坏性结果，创造和谐而非失和、分享而非积藏、合作而非竞争、对生命抱持敬意而非剥削生命。无论如何都要依据你人格里最健康的部分采取行动，在你的生命中创造更多喜悦与更少痛苦、更多意义与更少空虚、更多爱与更少恐惧，这是一种决心。对爱的承诺让阿啰哈成为可能，没有别的方法能办到。它让原住民传统保持鲜活，没有别的方法能办到。它让奴隶与奴隶的后代能彼此相爱而非仇视，此外别无他途。它赋予维克多·弗兰克尔、金博士、甘地与马尔科姆力量去敞开他们的胸怀，没有别的方法能办到。它让你最终能挑战并疗愈你人格里的恐惧，并培养慈爱。

没有别的方法能办到。

---

① 维克多·弗兰克尔是意义疗愈大师，出生于维也纳的犹太人，纳粹集中营幸存者，家人全死于集中营。他以切身经验告诉人们，即使遭遇无尽的磨难，依然可以活出生命的意义。

18   承诺实操：自我疗愈永远是第一优先

　　本章内容是介绍一些看待"灵性伴侣关系指南"的方式，将从"承诺指南"谈起。此外还有许多其他方法存在，随着你依照这份指南来修习，你会发现更多属于自己的方式。一旦你了解一件事最单纯的形式，就能以任何语言对任何文化族群、任何年龄层的人解释。创造真实力量很简单，你要学习分辨恐惧与爱的不同，然后选择爱。要对自己的多官知觉敞开，发挥勇气做出不同的抉择。现在，正是创造真实力量与灵性伴侣关系的最佳时机——现在，人类经验正在改变；现在，旧形态的互动方式已经变成有毒的，而健康的新方式正在兴起；现在，你已经有了一些洞见，或者说是冲动、愿景，想要改变自己的生命，让生命是无畏无惧的。

　　永远将焦点着重在如何认识自己，特别是从你的情绪化反应（例如，愤怒、恐惧、嫉妒、怨恨、不耐烦等）来认识自己，而不去评断或责怪他人或自己。

　　这是灵性成长的核心要点，创造真实力量的要项，也是和宇宙共同创造、改变自己的重点所在。让自己变得更灵活、更柔软一些，而不是僵化的、义正词严的。假设你所有的情绪烦恼都和你自己有关，而且就只和你一个人有关。别人所做让你感到紧张的事，并非对所有人都会造成紧张的经验。如果别人有能力造成你情绪上的痛苦，那么你将会耗费一辈子的时间，日复一日地试图操弄或控制他们，才能避免痛苦。你将必须随时密切注意，对可能来袭的痛苦保持警觉。你会发展出对一己脆弱之处的敏感度，以及保护自己免于暴露它们的方式。你将学会如何取悦他人，如何让人深刻印象，如何威吓、主导、恐吓他人，借此获取自己的安全感与价值感。这就是追求外在力量。多数人一直在追求外在力量，每一个人和每一种情况，都以是否有能力为你带来安全感与价值感、是否会抹杀你的价值、贬低你的能力、削弱你的幸福感，作为你的评估标准。你唯有在觉得不受威胁的情况下才会敞开自己，否则就只在有必要时才会这么做。放松的情况，只会发生于你和那些想法、外观、行为或信念跟你一样的人在一起时，而想法、外貌、行为与信念都可能会迅速改变。

你甚至害怕让爱你的人不开心，例如父母、祖父母，以及在你人生中占有一席之地的人，特别是那些你最需要的人，如父母或祖父母，或那些具有重要分量的人。你畏惧权威人士会将他们的意志强加在你身上，你总是试图取悦那些能够给予你自以为需要的事物的人，而你也害怕那些想要夺取你所拥有的事物的人。你获取的越多，就越害怕会失去。每个人都变成了嫌疑人。你越是爱生气，你周遭的人就会变得越爱发怒。你越是不耐烦，你周遭的人也会变得越没有耐心。

这世界会成为一个充满威胁的地方，只能让你有片刻喘息的机会（如果有的话）。你无法改变自己，只能去适应新情况、新威胁，以及对你的目标与价值构成危险的事物。当你变得越加害怕、防卫心不断增强，就越无法清楚地看清他人、认清各种情况（如果可以看的话）。你会让自己置身于那些貌似最不具威胁性的人之中，接着捍卫自己，并与那些看似最具威胁性的人对抗。这就是"未经检视之生活"（哲学性词汇）的经验，一个"无意识的生活"（心理学词汇），一个"空虚的生活"（存在性词汇），一个"痛苦的生活"（街头词汇），以及"你人格里的恐惧部分"（真实力量的词汇）。

当你将焦点放在他人与外在环境，你便会无视这些痛苦经验的根源，即你生来注定要去发现（体验）并且疗愈（借着不依据它们来行动）的人格里的恐惧；同时也无视于所有令你感到满足与喜悦的经验根源，即你生来注定要去发现（体验）并且加强（借着依据它们来行动）的人格里的慈爱。创造真实力量与追求外在力量，两者是彻头彻尾极其不同的。你不会试图借着改变他人来让自己感到安全、有价值，相反地，你会去找出你的自我厌恶、自我不满与自我憎恨的内在源头，然后疗愈它们。你也会去寻找你的感恩之心、耐心与欣赏的内在源头，进而培养它们。你为改变世界所付出的努力会变得更加聚焦，因为你很明确地知道要如何以最有效的方式永久地改变它：你想要在这世界上改变的，就在你的内在改变。如果你想要看见世界上的嫉妒减少，你就少嫉妒一些；如果你想要看见世界上的暴戾之气减少，你就少生一些气；如果你想要看见世界上洋溢着更多的爱，那你就多付出一些爱吧！这是一个充满雄心壮志的计划，也是现在唯一能提供你获得意义、满足与喜悦潜能的计划。

留意你的情绪，去感觉身体能量中心的觉受，例如胸腔、太阳神经丛与喉咙部位

利用你的身体获得灵性成长，能让你安住于自己的情绪真相。这么做，能让你进入当下这一刻。要让你脱离自己的幻想、想象与白日梦，没有什么比这更有效了。事实上，这些是避开你情绪的方法。在数字科技兴起之前的时代，报纸仍是新闻的主要消息来源，卖报小哥会在街头的摊位上，大声念出当日的新闻头条来吸引顾客："法国开辟新前线！""英国战事渐趋激烈！""股市大涨！"，等等。你的情绪就像那个卖报小哥，叫喊着重要的头条新闻来引起你的注意。忽略它们就像无视一个含有重要信息的信息。情绪的头条新闻永远都很清楚易见：

"胸部右边中央部位的疼痛!""胃部的翻搅!""喉咙部位很放松!""胸部是敞开的!"这些感觉会不停地出现,倘若你能将频率对准它们,就能持续接收到自己情绪状态的最新情况。各种头条(情绪)会持续出现,无论你是否觉察到它们都一样。如果你无法觉察到它们,就无法从中获益。

那些头条不会喊出"嫉妒""暴怒""欣赏"或"感激"等字眼,那些只是标签,不是情绪。头条会跳过标签,直接进入情绪经验。那是你对它们投以注意力时会得到的东西——直接、未经过滤、没有标签的情绪经验。没有任何事物阻挡在你和这些感觉之间,你会在身体上感受到它们。清楚而轮廓分明的感受会不断地来来去去,每一种感受都融合至经常变化的头条里。新闻永远都是最实时的。

倘若你是文盲,报纸也帮不了你;而如果你识字,报纸就能提供你有益的信息。如果你不了解自己的情绪觉察(甚至尽一切力量逃避它们,例如通过评断、赌博、饮酒、性行为等方式),或者不了解自己那至福的、愉悦的情绪(而且不去探究它们,例如假设它们是由他人或环境所引起的),你就无法从你的情绪中得到帮助,正如不识字的人无法从报纸中获益。而假使你可以,你就能利用情绪传达给你的信息来改善生活。无论你正在思考、想象或在做什么,如果你在能量中心附近体验到的感受,例如你的喉咙、胸部或太阳神经丛,是不舒服的或痛苦的感觉,那么你人格里的恐惧就是活跃的；而无论你正在思考、想象或在做什么，倘若感觉是愉悦的，那就是慈爱部分在活跃。这些都是无价的信息，你的身体不会对你说谎。

一旦你知道自己人格里的某个恐惧部分是活跃的，你便能依此采取行动。更明确地说，你可以不去做恐惧想做的事，例如你可以选择不咆哮、不批评、不退缩等。你人格里的恐惧永远能创造痛苦的结果，例如将人们推开、孤立、寂寞、缺乏亲密感等。如果你不知道恐惧何时会变得活跃，它们就会为你创造这些结果。如果你在自己人格里的某个恐惧活跃时能立刻认出它，然后选择不听令于它而行动，你便能为自己免去这些痛苦经验，同时削弱你人格里那些会制造更多类似经验的恐惧。如果你能在自己人格里的慈爱活跃时马上认出它，并且依此而行动，你便是确保了未来能够拥有一个带来满足的、至福的经验，同时也强化你人格里那些能创造更多此类经验的慈爱。这就是灵性成长。

请要有耐心。有时候，你会在某些能量中心附近体验到痛苦的身体觉受，在另一些能量中心附近体验到愉悦的感受。第一种情况是在恐惧与怀疑中处理那些流经它们的能量，第二种则是在爱与信任中处理它们。这是一个人格分裂的经验，即你人格里的慈爱与恐惧同时处于活跃状态。你情绪经验的复杂程度，将会反映出你生命的错综复杂。

留意你的念头，例如评断、分析、比较、做白日梦、计划如何回答等，或是感激、欣赏、轻视、对生命敞开的念头等

有时候，要发展出情绪觉察能力，需要通过练习。这是一个逐步发展的过程，就和学习识字一样，有些人的技巧比其他人更高明。但千万别上当：一个到处恣意发泄情绪的人，例如变得歇斯底里、哭哭啼啼、动不动就生气的人，是放纵自己的情绪，而不是觉察自己的情绪。这不仅无法帮助他获得灵性成长，反而会将人们推开。如果你无法从身体感受察觉自己的情绪，请继续尝试，不要放弃，因为它们确实就在那里，你也一定会找到它们（当你沮丧的时候，便是它们会找到你）。同时，你的念头也会带给你相同的信息。如果你想的是充满评断、批评、愤怒、暴力或悲伤的念头，表示你人格里的某个恐惧是活跃的。你人格里的慈爱想的会是感激、欣赏、耐心、满足等念头。当你想的是诸如此类的念头，表示你人格里的某个慈爱是活跃的。那就是你生来注定要培养、滋育，并将它带入你知觉与生命最前线的人格。

即使你能通过能量中心附近的身体觉受感觉到你的情绪，你也依然能同时监督你的念头。你必定能看见念头和你的情绪之间有某种关联。痛苦的觉受会在诸如批评、愤怒、恐惧、评断等念头兴起时，同时出现；愉悦的觉受会在诸如宽恕、关怀、耐心、感激等念头兴起时，同时现身。请以同样的方式利用这些信息。在你人格里的恐惧活跃时，去挑战它们，切记千万不要依据它们而行动；然后在慈爱活跃的时候，培养它们；而且记得要依据它们来行动。当你这么做时，你人格里的恐惧对你的影响力将会开始消失，慈爱将会变得更显著、更吸引你。

留意你的意图，例如怪罪、评断、一定要对、追求他人的仰慕、遁逃至某些思想里（智识化）、努力说服等意图，或合作、分享、创造和谐，以及礼敬生命等意图

注意你的意图，就好比留心你的未来。你的意图创造出你的经验，而当你知道自己的意图为何，你就会知道你在创造些什么，你也就不会在遭遇到自己所创造的经验时，显得大惊小怪。你所不知道的意图（你的无意识意图）和你知道的意图拥有同样强大的创造能力，但是既然你对它们一无所知，自然也就对你正在创造的东西毫无觉察。当无意识意图所创造的经验来临时，总是让你惊讶万分，而且它们从不会是令人愉悦的。例如，一个人若是为了让自己感到重要、感到有价值而照顾别人，最终会在他的付出不受到珍惜、未获感谢时，心生挫折与愤怒。"这些人是怎么了！"他会如此高声喊道，"我照料他们，对他们

178

付出百般耐心，总是随时伸出援手帮忙，没想到他们竟不知感恩！"他的照料是"有黏性的"，它附带着一个隐藏的意图，例如获得感谢与回报的需要。人们会感受到他的需求，但他们不想为他的"照顾"付费。他是为了自己而照顾他们，而不是真心为了他们而付出。如果他能觉察到自己的意图，情况就会改观，所创造的结果自然也会跟着改变。

在冷战期间，有个女性在自己的土地上建造了一座地下避难所，她以为自己的意图是要照顾他人。她宣称："我在我的避难所储存了足以供应 100 个人存活一年的食物。"事实上，她是储存了足够她自己一个人存活 100 年的食物。她并未觉察到自己真正的意图，但那正是为她创造出结果的意图。这样的意图不会吸引关心她的人前来，它吸引的是那些告诉自己他们关心他人、实际却只顾自己死活的人。

意图是通往一个王国的钥匙，任何的王国都包括在内，而那就是何以仔细检视你所选择的钥匙是如此重要的原因。有些王国并不让人动心，例如贪婪、恐惧、剥削、竞争与不和谐的王国；有些王国则会令人怦然心动，例如感谢、满足、欣赏与喜悦的王国。当你选择好一把钥匙，它就开启了它所属的王国。如果你不知道自己的钥匙会开启什么样的王国，你在选择它之后就会真相大白。既然如此，何不在你做出最后选择之前，仔细检视你正在考虑的钥匙呢？没有人喜欢生活在一个暴力、野蛮、贪得无厌的王国，但是许多人却真实地生活在那里。他们以为自己很友善、耐心十足，只有在他们生气、暴怒、论断他人时除外（他们人格里的恐惧部分变得活跃）。这些时刻，特别是检视你要选择哪一把钥匙的好时机。

在你行动之前，尽己所能地深入发掘，找出你真正的意图，如此，它所创造的结果便不会让你感到意外。如果它们让你感到诧异，那么下次在你行动之前，请务必要再挖掘得更深入一些。

19 伴侣关系指南（二）：勇气

挑战自己的极限

多官人是以一种五官人不曾仔细想过的方式在使用勇气。举例来说，我在军中服役时，勇气对我而言就是诸如背着装备在夜间跳伞这种事。每一次的跳伞行动，都需要一个主伞绑在跳伞人员的背上，然后有一个较小的备用伞绑在前面。装备跳伞还需要另一个沉重的装备袋，附着在备用伞的下方。主伞展开之后，跳伞人员会卸除装备袋，将它悬吊在一条长长的橡皮绳底端，让它先往下垂落至地面，与跳伞人员保持一段安全的距离。跳伞人员抵达地面之后，他会循着绳子找到袋子，取回里面的物品。最后是步枪，它会捆绑在跳伞人员侧边，枪口朝上。这是每次跳伞时最让我担心的地方。一次完美的着陆都需要一种翻滚动作，而身上绑着一把步枪，就像绑着一根和身驱一样长的夹板，让我总是学不会这个翻滚动作。

由于这一切都发生在伸手不见五指的黑暗中，跳出一架飞机外的不自然行为，以及努力将每个环节做好，希望降落伞能顺利展开，主伞若没展开的话、备用伞不知能否派上用场的担忧，一定要记得卸下装备袋子，还有震耳欲聋的飞机声，以及从空中坠落时那突如其来的寂静，努力落在预定的降落区，希望风不要突然吹起，看见地面划破黑暗朝着我直冲过来，害怕会着陆在石头上或被拖行或两种情况一起发生，然后努力在绑着"夹板"的情况下顺利着陆……这种种忧虑让我的跳伞经验变得十分恐怖，然而，我依然一次又一次地做这件事。

甚至在那之前，我曾从大学休学到欧洲旅行，抱着吉他坐在斯德哥尔摩街头的长椅上，想要鼓起勇气在街头唱歌以筹措旅费。我下定决心在我有勇气起身开始弹奏之前都不走开，无论那需要多少时间都无所谓。后来，我坐在那里好几个小时，才终于办到了。我非常害怕，但仍然去做，一部分原因是因为我很饿，另一部分原因是因为我不会让恐惧阻挡我去做我想要做的事。

这些都是旧式勇气的例子，那是一种为了觉得被接受、觉得有价值、觉得安全而去做必须要做的事。孩童与成人都会彼此挑衅，要对方展现出那种旧式勇气。光是"你是个小婴儿吗？"这句话，就足以煽动人做出无数的蠢事，例如在河水深度不明的情况下贸然从悬崖上跳水，或是玩"两车对冲"的比大胆游戏。①我曾利用旧式勇气负责过潜入老挝的最高机密任务，更在湍急的科罗拉多河、在多数人都使用划桨艇的时候，以独木舟轻艇急速泛舟。做这些事让我觉得自己与众不同，但我当时没有看见的是，它们掩饰了我的无力感之苦。

　　灵性成长需要一种以你的意志来疗愈恐惧的勇气，而非试图改变其他每一个人。那种勇气不是铤而走险、摔断肋骨仍幸存下来的不怕死的莽撞行为（就像我朋友的登山意外），或是带着战斗装备进行跳伞（就像我）。那种勇气是忠于自己的承诺、全心体验并且疗愈你人格里所有的恐惧部分，而非纵容它们或逃避它们。

　　你人格里的恐惧部分是否获得疗愈，全凭你的意图而定。例如，登山需要勇气，但假若你登山的理由是为了获得肯定或证明自己，那么，登山本身就成了一种恐惧的行为。这就是旧式恐惧的例子。登山并未挑战你的无力感之苦，实际上反而强化了它。我有一个朋友，他对自己咸鱼翻身的戏剧性致富故事感到非常自豪，那真是一段从贫户一跃而成超级富豪的惊人旅程。然而，促使他攀登至物质财富顶峰的动力，是想要证明自己有价值、证明自己在世界上拥有一席之地，以及自己是值得被认识与值得在一起的种种需求。创造真实力量需要的是挑战自己的极限，而非一直停留在由熟悉的恐惧所建构的城堡里。

　　举例来说，假设你有一件自己知道非说不可的事，却因为害怕或觉得自己不配说而闭嘴不提。这样的做法会让你对分享时可能建立的亲密感保持疏离，即使是在你出现诸如愤怒、恐惧、嫉妒、需要取悦、需要退缩等情绪化反应时亦然。在你感到与一个人有距离时，带着拉近彼此距离的意图来和对方说话而非让对方觉得自己有错，是需要勇气的；而退缩、在彼此之间制造内在距离、默默评断对方与停留在权力斗争阶段等，却完全不需要勇气。

相反地，如果你经常或不断地发言，但仍觉得自己需要一再开口说话，那么，说话就不需要勇气。在这种情况下，强行向他人推销自己的观感、强势主张自己、解释自己。或一再澄清可能的误会这种无法抗拒的冲动，都是在掩饰无力感之苦。若是如此，以不说话并体验自己不舒服的身体觉受来挑战这种冲动，就是需要勇气的。每一种例子里的动能都是相同的，皆在挑战你当下生起的强迫性感受，无论那是想说话或想保持沉默。将潜藏在需求底下的身体不适感带至你的意识表面，这些都是针对你人格里恐惧部分的最直接体验。做你一向在做的事来掩饰这些觉受、让自己不断感到舒适，这些做法并不需要勇气。事实上，那是灵性上的懦弱表现。

我与琳达相遇时，我正在为取消订婚而伤心。我和前未婚妻之前曾分开长达 5 年，但是我仍深深执着于我们两人共同梦想过的未来。同时，我和琳达的关系却是我未曾有过的体验，它既不是关乎性的，也不具浪漫色彩，而是一种引人入胜且有意义的关系，即使在我并不享受与她相处时亦是如此。当时，我决定在敞开心扉接受与琳达的关系之前，最后

184

一次探索与前未婚妻复合的可能性，于是我打了一通电话给她，但她表现出兴趣缺乏的态度。就在那天晚上，琳达在我的小屋和我共进烛光晚餐时，问我是否打了电话给我的前未婚妻，问她是否可能跟我重新复合。除了我的前未婚妻之外，没有人知道我打了那通电话。我惊讶极了，一时间陷入一种我从未体验过的情况。如果当下我对琳达说谎，便会破坏让这段关系如此特别的理由；而如果我对她吐露实情，就是冒着失去这段关系的风险。

她耐心地等待我的答复。最后，我告诉她，我确实打了那通电话，以及我和前未婚妻在电话里讨论的内容。我和她分享自己在这漫长5年所承受的折磨，还有自己多么渴望实现我们彼此曾共同编织过的梦想。我屏息等待琳达起身、离开餐桌，然后就此走出我的生命，但是她依然坐在那里，依然看着我。最后，她说："我很高兴你和我分享这一切。现在，我也可以爱她了。"

一时间，我犹如转换到了一个新天地。我说了实话，也已经做好心理准备，但是最糟的情况并没有发生，呈现眼前的反而是最棒的情况——琳达留下来了。我感到如释重负，松了好大一口气，这份深深的解脱感着实前所未有。不只是琳达依然存在于我的生命里，我们的关系也因而变得更深入、更坚定。我为了一个和过去完全不同的全新理由而挑战了自己的恐惧。我是为了健康、为了生命的健全、为了爱而挑战它。企图操弄琳达（特别是琳达），对我而言是件无法接受的事。

当我诚实地回答了琳达的问题，便开启了一道门，让我对过去从不认识的经验敞开了自己。我觉得自己在宇宙里就像回到了家，自在极了，并对生命的奇迹充满敬畏与感激。过去，我一直利用勇气来赢得他人的崇拜，获取成功、认可、一顶"绿色贝雷帽"[2]。这一次，我则是利用勇气来实践我的诚正之心。如果我和琳达能拥有一份关系，那么，我想将它建立在信任的基础上，而非虚妄的流沙上。我其实很害怕会毁了和琳达的这段关系，但是若为了保有它而牺牲自己的诚正之心，绝非我的选项，因为对我想要拥有的关系而言，诚正之心是必要条件。这就是新式勇气的一个例子。[3]

无惧于探索内在的恐惧之源

当时，我并未了解到，自己已经发现了使用勇气创造外在力量与使用它创造真实力量之间的不同，以及旧式勇气与新式勇气之间的差异。在军中，我对自我价值感的需求是如此深切、无力感的痛苦是如此强烈，以致为了掩饰它，必要时，我会强迫自己面对死亡。而我对和琳达建立新关系的需求，却完全是另一回事了。当时，我并非努力通过表现良好或赢得她的好感而让自己感觉良好，我的目标是探索亲密感的深度、健康的新领域，以及和她之间的共同创造。简言之，就是与她一同合作、一同分享、一同创造和谐，并且尊重她。

新式勇气能让灵性获得成长，旧式勇气则会阻碍它；新式勇气创造出真实力量，旧式勇气追求的是外在力量；旧式勇气会缓和无力感之苦，新式勇气能够消除它；旧式勇气带领你走向骄傲，新式勇气则走向内在的富足。

当意志与恐惧交织在一起，于是勇气成为必要的。没有恐惧的地方，就没有勇气，只剩下意志。这些是你人格里慈爱部分的经验。慈爱不需要勇气才能关怀他人、安住于心中、心生感激、欣赏或热爱生命。慈爱是走过地球学校的无惧旅人，永远在表达灵魂的能量，持续带着灵魂的意图来创造。慈爱是无畏无惧的，不是因为它们有勇气，而是因为它们无所畏惧。慈爱信任这个宇宙天地。当你能将自己与它们其中一部分达成一致，就等于让自己与灵魂合而为一了。

这会以惊天动地的大事发生，也会以微乎其微的小事呈现。例如，当你的朋友激怒你的时候，你需要勇气，而且令人意外的是需要很大的勇气，你才能将自己的注意力转向内在，扫描你的能量中心，体验你的身体觉受，并在体验这种痛苦情绪时，不因被激怒而贸然行动或说话。多数人并不会如此使用勇气，因为他们都深受自己人格里的恐惧所控制。我过去并不了解，更遑论相信的是：要体验愤怒、羞愧、嫉妒或怨恨而不根据这些情绪来行动，所需要的勇气，远比去做一些当时让我觉得值得崇拜或危险的事，多出太多了。

例如，当我接受招募而加入步兵团时是毫无勇气的。我没有去体验自己有多么害怕一试再试后依旧失败，或有多么害怕无法达成自己的期望，或我自认他人对我抱持的期望；相反地，我成为一名伞兵，进而成为"绿扁帽"的一员，甚至前往最高机密的地点领导最高机密的任务。这些活动在在都让我觉得自己是个勇气十足的人。我的确是，但是我的勇气并不足以让我在人格里最强烈的恐惧部分活跃时（它们通常是活跃的），切身去体验我的情绪。恐惧掌控了我所做的大部分事情，甚至在我觉得自己充满勇气时亦然。

"猛男"代表的是"因太畏惧而不敢去思考自己会感到害怕的可能性"。我就是个十足的猛男。过去，如果有人说我因为太恐惧而成为绿色贝雷帽的一员，我一定会勃然大怒（恐惧），然后满肚子怨恨（恐惧）。我受到了外在环境的控制。有些外在环境让我感觉更好，例如当我以性感吸引女人而受到崇拜或获得成功时；有些则是极度痛苦的，例如当我觉得自己表现欠佳或受到嘲弄时。我没有勇气将注意力转向内在，然后在人格里的恐惧部分活跃时加以适当应对，而非出现情绪化反应。我没有勇气问自己："为什么那件事会让我不高兴？"简单来说，我拥有的是旧式勇气，而非新式勇气。

新式勇气对于通过灵性成长而进化的多官人来说相当重要，一如旧式勇气对通过求生存而发展的五官人来说亦至为紧要，但他们的目的却是不同的。五官人利用旧式勇气来克服恐惧，是为了探索外在环境，然后操弄并控制一切；多官人利用新式勇气来克服恐惧，是为了探索内在环境，然后让自己的人格与灵魂达成一致。

———————

① 两车以高速冲向对方，谁先转向就是懦夫。

② 美国的一支特种部队。

③ 若想阅读这种特殊经验的另一个例子，请见《灵魂故事》(*Soul Stories*) 一书里的"建立关系的新方式"一章。

20 勇气实操：去说或去做最困难的事

　　五官人会在想要放弃时、不可能有机会成功时、每件事都反对他们或每件事都分崩离析时，对能够继续坚持的勇气心生敬佩。这就是旧式勇气。想要放弃、没有力量继续下去、心生绝望等，都是人格里恐惧的体验。多官人钦佩的则是疗愈人格里的恐惧并培养慈爱的勇气，这就是新式勇气。

　　试图将人格里的某个恐惧转变为慈爱，就如同企图将一棵树转变为一朵郁金香，或将一头豪猪转变为一匹马。疗愈你人格里的恐惧并不会改变它们，而是会在你重复体验并挑战那些恐惧时，消除它们对你的控制，直到掌控消失为止。那需要新式勇气。

不怪罪：为你的感觉、经验与行为负起责任

　　这正是真实力量的中心要旨。每件事的重点都是：你必须为你的经验负责。谈到为你的经验负起责任这件事，只有做到与没做到两种情况，没有中间地带。

　　当我住在雪士达山山脚下时，曾有好几次试图走遍这座山森林线以上的周边地区，但每一回都因为北边一个称为泥溪的地方出现的巨大排水量，不得不中止计划。虽然泥溪这个名字看似毫不起眼，它却是一个很棒的地方。这座山曾发生过一次规模惊人的泥石流，在地表留下了一个巨大的裂缝，从顶峰附近的冰河开始，一路渐行渐深、逐渐扩大，往下绵延数千英尺。峡谷的两侧十分陡峭，底部非常深，加上表面的碎石堆，让下降或攀登变得困难重重。所以，泥溪对我来说是无法通行的。

为你自己的经验负责与不负责之间的鸿沟，远比泥溪的峡谷要大。那是五官发展与多官进化之间的界限。五官人无法填补这道鸿沟，因为他们将外在境况视为情绪的根源，多官人则了解得更加深入。

创造真实力量代表成为你生命里的权威。还有谁比你自己更了解你、更能感知你的觉受、体验你的经验、关心你的渴望呢？成为你自己的权威，意味着倾听他人的忠告，但不一定要接受。例如，如果你听见一件令人深感共鸣的事，除了你之外，还有谁能说："那件事值得记住"或"那件事不值得记住"？当你做了一个令自己困惑、害怕或启发你的梦，除了你，还有谁能决定是否要深思这个梦境的意义，或干脆抛到九霄云外呢？

为自己的经验负责，代表着提醒你自己，无论发生什么事，"这件事之所以发生，必定有其原因。我现在或许无法知晓那原因，但我的意图是要尽力认识关于自己的一切。这个经验能够怎样帮助我疗愈人格里的恐惧呢？"为你的经验负起责任，对你人格里的每一种恐惧都是最根本的挑战，因为所有的恐惧从不觉得该为自己的作为负责。例如，愤怒相信它们的怒火是由他人造成，而且有正当理由；嫉妒则相信它们的妒忌是因他人而起，理由正当；觉得不堪承受也觉得它们之所以不知所措，一概是由环境造成，是有正当理由的；等等。

当你为自己的所有经验负起责任，便是将自己放在一个非常有力量的位置上，让你能够发现是哪一种选择造成了哪一个经验，进而是否要重新创造或不再理会它们。与其认定他人或环境创造了你的经验（那是受害者看待世界的方式），你反而认为是你的选择创造了它们（这是创造者看待世界的方式）。

你对人格里的一些恐惧部分是如此熟悉，以致它们仿佛是"你的本性"，想要改变它们的想法于是变得不可能，因为那代表着必须改变你的根本本质。那是不正确的。没有了你人格里恐惧面向的扭曲知觉，你的本质将会令你感到惊喜，为你的生命填满喜悦与美好。为你的经验负责，能让你找到并且疗愈所有的恐惧。

时时刻刻保有诚正之心。这需要付诸行动，例如在你人格里的恐惧部分不想说话时开口说话，或在它们觉得非说话不可时闭嘴

我搭乘过的第一艘也是唯一一艘邮轮，停靠在牙买加，码头上人声鼎沸的喧闹情景，对我来说简直吓人。数百个人同时争先恐后地向我们推销画作、雕塑、衣服与旅游行程。衣服与艺术品是个人品味的问题，但是聘用一位导游一定要非常谨慎才行。船上的职员早已警告过我们，可能会有不愉快的经历发生，例如被抢。但是我对这则信息的理解却是：不同的导游会带领游客经历截然不同的牙买加体验。挑选一个导游带领你饱览自己感兴趣的岛屿风光，的确是件颇具挑战性的事。

诚正之心与道德感两者在你的生命中皆以指引的面貌呈现；然而，它们是两种截然不同的指引，自然也会带领你抵达风景迥异的目的地。道德感会带领你抵达你的文化、父母或同侪想要你去的地方，它并不鼓励你造访那些未经它们允许之处。当你忽略你的道德感，你便会产生罪恶感、觉得懊悔，仿佛你背叛了某人的信任或让某人的期待落空。事实上，是你们的集体力量期待你去做某些行为，但是它所要求的不仅仅是如此，它还会把一些不容妥协的要求强加于你身上。

举例来说，当你忽视了一个不容你反对的要求，或是考

虑不理会这种要求，道德感会告诉你："不要说谎。"（如果你是用古代语言来说，可能是"汝莫撒谎。"）即便只是想着要忽略这样一个要求或命令，都足以触发道德感的生起。至少你会有罪恶感，害怕成为一个失败者，而最坏的情况是你会遭到惩罚，承受无尽的痛苦。这些都是你人格里恐惧部分的经验。换句话说，道德感和恐惧是相同的。道德感是对痛苦惩罚的一种难过的、恼人的预期心理。每一种集体力量的要求，无论内容有多大的差异，全是明显的非黑即白，二选一，不是这样就是那样。道德感会引导你来到痛苦那折磨人的恐惧之中，并且让你想要逃避痛苦那折磨人的需求，那正是道德感的功能。它要确保你顺从他人颁布的命令，否则就要因他人判定的惩罚而受苦。

心理学家称这种现象为权威的"内化"。你并不是那个权威，你是被某个权威所控制的。即使那个权威已然不存在，例如父母已过世，你依然会受到该权威的掌控。即便你勇于不遵从某个命令，并认为自己永远不会被逮到，你依然会活在担心被发现而遭受惩罚的恐惧（痛苦）里。你会持续惩罚自己，直到你被别人惩罚为止。那个权威在你内在长期居留，成了你的"道德感"，而你对它的体验唯有恐惧，别无其他。觉察你的道德感和觉察你人格里的恐惧是一样的。

五官人会在自己违反了一个集体力量的要求时，觉得自己缺乏正直良善。多官人则会在做了某件自知源于恐惧而非爱的事情时，觉得自己缺乏诚正之心；他们会在依据爱、慈悲与智慧而行动时，觉得自己诚实廉正。

当我决定辞去哈佛大学的学籍时，我告诉了室友、朋友，最后是学生会会长，而他问我："你跟你父亲说了吗？"那是我最不想听到的一个问题。我父亲从未上过大学，他身为移民的双亲更从未上过高中。诚正之心要求我必须回家一趟，亲口告诉他，我要离开哈佛了。这需要我鼓起极大的勇气，但是若不这么做，我实在离不开（当时我不知道，我会在一年之后重返哈佛）。

我的一位朋友布莱恩·魏斯辞去了西奈山医学中心的精神科主任一职。这个抉择很可能让他的医师执照、一家人的经济保障，以及同侪对他的敬重陷入险境，但是他的诚正之心要求他这么做。从此，他通过著书与公开演讲为数百万人介绍了多官知觉，更在数百万人身上证实了这一点。

你无法事先知道诚正之心会要求你做什么。如果你必须借由说话来逃避自己的不自在、告知人们你的存在或是控制整个对话，而你也觉察到这一点，诚正之心就会要求你不要开口。如果对着群众说话让你心生畏惧，或你认为自己要说的事不重要，而你也觉察到这一点，那么，你的诚正之心会要求你开口分享。每一次的互动都能发挥疗愈的潜能，而诚正之心会召唤你实现那个潜能。如果你忽略那份召唤，你的心里会觉得不踏实，好像有什么地方"不对劲"，或想要重新选择一次。如果你响应了那份召唤，你会觉得自在舒坦，并且对自己选择的道途感到心满意足。

道德感会将自己强加于你，诚正之心则会召唤你。道德感要求你听从人格里的恐惧，并且听命于它们；诚正之心要求你聆听人格里的慈爱，并且礼敬它们。道德感带领你前往他人想要你去的地方，诚正之心则带领你前往你的灵魂想要去的归属。

去说或去做那最困难的事。在合宜的情况下，当有人根据人格里的恐惧而说话或行动时，分享你所注意到的事，以及分享自己害怕说出口却知道非说不可的话

在分享一件让你觉得难以启齿的事之前，请先仔细检视你的意图。它是源自恐惧吗？你是否要说一些评断他人、怪罪他人的话呢？或者，它是源自爱呢？你的意图是否是想创造一个更健康的关系，或是支持彼此获得灵性成长呢？话语能发挥极大的疗愈效果，也能造成难以弥补的伤害，特别是当你心烦意乱的时候。这份指南并不是一张许可证，允许你或明或暗地发泄、发飙、任意评断、鄙视、批评或谴责。换言之，说出那最难以启齿的话，不代表让他人觉得自己有错、自己较低劣或是个坏蛋。

说出那难以开口的事，能帮助你消除彼此之间的隔阂，并协助你以真诚、发自内心且合宜的方式这么做。它能挑战你人格里认为"这么说会伤害他"或"这么说我们将不再亲密"的恐惧。其实情况正好相反，逃避必须要说的话，才会破坏彼此的亲密感。例如，如果你没有勇气告诉朋友他的愤怒吓坏你了，或是你无法接受他嗜酒如命，你们彼此之间将产生距离，而且势必会渐行渐远。

你人格里的恐惧部分不会说出那最难以开口的事，因为它们汲汲营营于获得安全感与舒适感。例如有一次，琳达询问一群跟着我们学习真实力量数年之久的学员："在这个团体里，你觉得有哪个灵性伴侣已经准备好要为'真实力量课程'的新学员提供支持？"房间里顿时鸦雀无声。没有人愿意冒着危及彼此关系的危险，谈论团体里的其他人（注意了！这不是灵性伴侣关系）。最后，她直接询问其中一位学员。

"这里的每一个人都准备好了！"他断然表示。"这里的任何一个人支持我，我都会感到十分荣幸。"琳达停顿了一会儿，然后问他在回答这个问题之前，是否运用了"灵性伴侣关系指南"，即是否扫描了身体能量中心的觉受，留意了自己的念头，并且观察了自己说话的意图。接着，她再度问他，觉得自己的回答是源自人格里的恐惧还是慈爱？他看见了自己人格里的某个恐惧部分在宣称："这里的任何一个人支持我，我都会感到十分荣幸。"他知道在这里，并非每一个人都准备好要支持新学员，他的灵性伴侣也清楚这一点。

最后，琳达问他是否能一个一个地检视这里的人，直视每个人的眼睛，然后告诉对方，自己是否觉得他已经准备好支持新学员。这需要勇气，才能为自己的决定负起责任，才能挑战人格里不想回答问题的恐惧，才能逐一告诉每一个灵性伴侣他真正的感受。他决定带着支持的意图，真诚地对那些他认为尚未准备好与他觉得已经准备好的人，说出那最难以启齿的话。

这个决定为团体里的每一个人造就了截然不同的情况，它将一个原本沦为取悦他人、缺乏诚正之心（放纵人格里的恐惧）的表面活动，蜕变为一个实时在当下为彼此带来支持的体验。他为灵性伴侣关系及其所需要的勇气与真挚，树立了一个楷模。接着，团体里的每一个灵性伴侣都回答了相同的问题，一个一个轮流对彼此说话。当你带着挑战与疗愈人格里的恐惧这个意图，说出那最难以开口的事情，你便创造了真实力量。当你对他人的关怀，足以让你说出你害怕会伤害彼此关系的事情时，你也将创造真实力量。当你的关怀能够让你在开口前先思考一个最合宜的表达方式时，你同样是在创造真实力量。

说出并且去做那最困难的事，对灵性伴侣关系来说并非一种偶尔才需要的必需品，它是一份持续的承诺。

灵魂疗愈摘要 4

"灵性伴侣关系"如何减少恐惧，培养慈悲？

从勇气到慈悲

要从操弄与控制环境和人来获得安全感与价值感的旧式勇气进入慈悲（"灵性伴侣关系指南"的下一个主题），非常困难，甚至是不可能的。从体验你人格里的恐惧、挑战那些恐惧并培养慈爱的新式勇气进入慈悲，却是个自然不过的步骤。

刻意减少你生命里的恐惧、且刻意增长你生命里的爱，怎么可能不直接引领你进入慈悲之境呢？

21 伴侣关系指南（三）：慈悲

伪装的慈悲 v. s. 真实的慈悲

多官知觉将揭开许多五官人视为慈悲经验的面纱，这些经验包括看见可爱毛孩子时涌现的温暖感受、捐赠流浪者金钱、赞助慈善活动等。多官知觉将揭露它们与慈悲的巨大差异。慈悲是无二无别地关怀他人。你人格里的每一种恐惧追求的都是外在力量，有时，这样的动机是隐而不见的，例如，隐藏在一个意图让客户松懈心防或引诱一个潜在性伴侣的微笑里。一个源自人格里慈爱的微笑具有滋养效果，能表达喜悦，让你与他人更亲近。

如果你不知道自己人格里的恐惧部分何时活跃，也不知道人格里的慈爱部分何时会主动出击，你便无法分辨慈悲和伪装成慈悲的恐惧。要创造真实力量需要具备这样的分辨能力。将你大屋子里的每一个房间点亮，即去发现你人格里的所有恐惧与慈爱，就能让看似慈悲的恐惧与真实慈悲之间的差异，变得清晰可见。当你启程踏上灵性之旅，你会惊讶地发现，自己竟在很大程度上认为自己内心是慈悲的，而他人是不仁慈的。你也会发现，真正的慈悲与你过去所认知的慈悲，有多么大的差别。

例如，送钱给一个有酒瘾的游民，和为一个富有的酒鬼买酒一样，都不是慈悲。是你的哪一部分人格将这样的赠予视为慈悲呢？（提示：恐惧部分）是哪一部分将它视为破坏性的行为呢？（提示：慈爱部分）无论你赠予贫穷游民什么礼物，你人格里害怕自己会成为流落街头流浪者的意念，都会将它视为是慈悲之举。流浪者会让你人格里的这些想法变得活跃，于是便以赠予金钱来掩饰无力感之苦。这些想法在乎的才不是那些流浪者。流浪者是你人格里的一个"对象"，且是一个令人害怕的对象。当人格里的某些意念送钱给那个对象，它们会在那一瞬间看见自己，因为它们希望看见自己这么做，同时也希望他人看见自己是如此慷慨、慈悲为怀、有利他心。然而，人格里的意图并不是真的这样，它们其实是恐惧的。

换句话说，五官人可能会将一个行为视为是慈悲的，而多官人却知道它可能并非如此。慈悲行为与恐惧行为之间的差别在于意图。一个追求外在力量的人对自己的意图并不感兴趣，他们不会区别他们自以为抱持的意图（例如，帮助不幸的人），他们可能知道、也可能不知道的隐藏意图（例如，创造一个仁慈、慷慨、慈善家的自我形象），以及一切表面作为底下驱动他们去给予的真实意图（操弄并控制环境以获取安全感与价值感）这三者之间的不同。创造真实力量的人则会努力在每一刻认出他们的意图。

　　五官人会将多愁善感与慈悲混为一谈。他们会让自己沉浸在一种舒适惬意的感受里，而误认为那就是慈爱的经验。例如，他们在看见讨人喜爱的孩童与婴儿照片时，感觉心快要融化了。他们喜欢看见一对恋人手牵手踏着浪花奔跑；也喜欢欣赏画作里那古朴温馨的小屋，映照着夕阳的美丽余晖；好似一切就该如此美好。这些都不是慈悲的体验，而是试图逃避地球学校所带来的情绪挑战。慈悲是一种完全活在当下的觉知状态。多愁善感是一种从你的生命里缺席、否认人格里恐惧的困难经验，它是一种脱节的、基于恐惧的幻想。慈悲则是亲密的、真实的。

　　北美的拉科塔印第安人说，一人的创伤等于全体的创伤，一人的荣耀等于全体的荣耀。我们可以套用这个智慧，以真实力量的词汇这么说：一人的痛苦等于全体的痛苦，一人的喜悦等于全体的喜悦。我们会感受到他人的痛苦，他们也会感受到我们的；我们会感受到他人的喜悦，他们也会感受到我们的。一个人格里的恐惧部分会与其他人格里恐惧部分的经验引起共鸣。如果我们的父母离开了地球学校，我们会对其他拥有类似经验的人感同身受，我们共同的伤痛会为彼此创造出一份亲密感。同理，一个人格的慈爱部分也会与其他人格的慈爱部分起共鸣，例如，如果我们体验到宽恕的疗愈力量，我们就会对其他走过相同道路的人感同身受。我们能够理解他们、欣赏他们，他们也能够理解并欣赏我们。

　　将他人的经验认知为我们自己的，并对他们感到亲近，这种自然的能力并不是慈悲。举例而言，毒瘾者之间也会对彼此深有同感，他们拥有共同的经验，但是他们在一起时所产生的自在舒适，却无法帮助他们变得更健康，反而会支持他们继续停留在上瘾状态。那些将自己当成受害者的人，例如毒瘾者，会与其他同样将自己视为受害者的人起共鸣。他们会互相体谅、对彼此的感觉了如指掌、怜悯彼此，但那不是慈悲。

如何培养并创造真正的慈悲

　　我在军中时，觉得与特战部队（绿色贝雷帽）的弟兄们在一起，比和其他人在一起更自在。我们能够彼此体谅、对彼此的感觉感同身受，但是无论我们觉得自己有多么关心对方，我们仍是没有慈悲心的。我们的任务要求我们否定人性、感性与敌人的痛苦，要求我们无人性、无感性，并将我们的受苦提升为英雄主义。慈悲会改变这所有的一切。它会抹去盟友与敌方之间的差别，只有地球学校的同学留下。慈悲会开启你的心扉，让你睁开双眼，关怀他人取代了畏惧他人，他人的痛苦和喜悦将帮助你创造真实力量，同时也帮助对方创造真实力量。你会看见他们的痛苦（人格里的恐惧）与喜悦（人格里的慈爱）的根源，而你的关怀足以帮助他们挑战并疗愈恐惧，以及培养慈爱——如果他们选择这么做的话。

　　这是一种非常不同的动能，与照顾他人、制造一个能取悦自己的自我形象、用看似慈悲的行为操弄他人，相去甚远。这与继续受困于无力感的共同经验不同。它是利用你对他人经验的理解去支持他们创造真实力量，并且真诚地关怀他们。例如，我在军中的经验有助于我和穿着制服、携带武器，诸如警察等人员沟通，但那样的能力不是慈悲。那些经验让我更能够体谅所有穿着制服的公职人员，例如消防队员、海岸巡逻队员等，但那样的能力亦不是慈悲。如果我对他们的关怀足以让我利用我的理解去帮助他们，这才是慈悲。

　　和拥有相似经验的人在一起所获得的舒适自在感是一种黏着剂，将个人紧附于诸如文化、国家、宗教、种族、性别等大型集团中，或者黏附于诸如专业、商业、社会机构等较小型的团体里。那种非白人勿入、犹太人禁止的乡村俱乐部就是其中一个例子，它在这些有共同经验的个人之间创造出无数的共同喜好，例如养育子女、股市交易，甚至维修水电。这是吸引力的宇宙法则在起作用的例子。一般来说，只有两种能量存在，就是爱与恐惧，而吸引力的宇宙法则持续地将爱和爱聚拢在一起，将恐惧和恐惧聚集在一起。它让那些挑战自身恐惧的人与其他同样这么做的人彼此为伴，也让那些培养爱的人与其他这么做的人彼此相伴。

　　挑战你人格里的一个恐惧部分，这同时也培养了你人格里的一个慈爱部分，能培养慈悲心。它能同时改变你对自己的体验，以及你对他人的体验。你越是不评断自己，就越不会去评断他人；你越是能欣赏自己，就越能欣赏他人。当你爱你自己，你也就爱他人。对自己的慈悲与对他人的慈悲是一个铜板的两面，一面是你与自己人格里的恐惧和慈爱互动，另一面则是你与其他人格里的恐惧和慈爱互动。

你人格里的慈爱是充满慈悲心的，恐惧则不是。如果你不在这两者之间做出选择，你人格里的某个恐惧就会替你选择，这么一来，你将无法体验到慈悲，无论你的行为对他人看似多么仁慈都没有用。在你感受到人格里的恐惧为身体带来的痛苦觉受时、在你观察到恐惧的评断思想并看见其破坏性意图时，你若还能选择依据人格里慈爱的意图来行动，就能创造真实力量，同时也能培养慈悲的言行。换句话说，慈悲的言语和行动，有赖于有意识的选择。在愤怒的时候咆哮是一种无意识选择，在感觉到性需求时与一个有意愿的同伴发生性关系是一种无意识选择，在渴望来根烟时抽烟、需要喝一杯时喝酒、兴起赌博冲动时去豪赌一番等，这些都是无意识选择。慈悲的言行并不是执迷、不由自主或上瘾的，而是合宜适切的。

你不可能对一个人慈悲，却对另一个人不仁慈，正如你不可能对所有人慈悲，而对自己不仁慈一般。慈悲不排除任何东西（包括你），也没有例外（包括你），它具有开启、解锁的作用，能够为你移除障碍。慈悲是一种无畏无惧、无隐藏动机、无执着亦无期待的关怀。慈悲无法借着祈愿、肯定、观想或祈祷而出现，正如农夫不能通过祈愿、肯定、观想或祈祷而让作物长出来。农夫可以选择自己想要收割的作物，但那仍是不够的，他依然必须将土壤准备好、播种、灌溉、施肥、拔除野草。如果你想要收割慈悲的果实，你就必须创造真实力量。

在创造真实力量过程中的某个时间点，你所做的努力将会变得更真实。你了解到，你的情绪觉察与负责任的选择正在影响着你生命的实质面向，即影响你摆脱人格里恐惧的控制，并且创造一个爱的生活的能力。当你了解、并且是真正地理解到，允许人格里的恐惧为所欲为比挑战它们更令人痛苦，如此，挑战恐惧所需的勇气便会取代挑战它们所带来的满足，并以做出负责任的选择取代不负责任的情绪反应。于是，你开始能够为自己与他人创造不同的结果。你不会再为了取悦别人、为了被接受或为了替自己带来安全感与价值感而改变。你改变，是因为你想要改变，是因为你不愿再受到人格里的恐惧所控制。你改变，是因为你不想再体验恐惧的痛苦，以及它们所制造的恼人结果。

你会吸引和你做相同事情的人，你也能看见别人的痛苦有多深刻——那份无力感之苦，以及为了逃避它而制造出的破坏性痛苦结果，因为你已经亲自体验过自己的那份痛苦。

这就是慈悲诞生的过程。

你知道要挑战并疗愈人格里的恐惧有多么艰难，正因如此，你知道这对别人来说同样十分不容易。你也看见你在自己内在所创造的自由，而你想要与他人分享如何创造那份自由，即如何利用包括痛苦的经验来成为自己生命的主人。你品尝了你努力之后收获的果实，也看见这不是任何人能给你的。然后，你看见他人迫切地寻找某人或某件事来给予他们意义与目标、满足与喜悦，而那样的追寻是多么无用！

那就是你想要为人师、想要修正、想要给他人留下好印象、想要改变信仰或照顾他人等种种需求消失的时候，那也是对外在力量的追求失去吸引力的时候。谦逊、清明、宽恕与爱将填满你的生命，留下的一切只剩你灵魂的意图，而你可以利用它们来引导你，在每一刻带着一颗力量饱满且不执着于结果的心来创造。

那就是创造慈悲的方式。那份慈悲在每个灵感的瞬间依然持续着，在布道会结束后依旧能够持久不坠。慈悲能引领你度过最困难的时期，并将它们蜕变为最有帮助、最有价值的经验。

22　慈悲实操：消弭你与对方的距离感

慈悲心是由心的活动所驱使的。唯有人格里的慈爱，是由心所驱动。人格里的恐惧部分有其不同的行进方向。心可能产生的行动是无限的，每一刻都有供其取用的机会生起，每个机会都因时间与情况不同而显得独一无二。你的创造力是无穷无尽的，因此，它也是你以慈悲来行动的管道。

修习"慈悲指南"，能在你的内在培养慈悲。当你独自一人思考时，想象你遵循指南的情况，与你的灵性伴侣或那些对灵性伴侣关系一无所知的人在一起时，也请务必遵循这份指南。如果你不确定如何挑战人格里的恐惧，或在当下没有洞悉到慈悲的回应，都请遵循这份指南，并且要一再地遵从它的引导。

将你的观点从恐惧转变为慈爱：选择从一个慈爱或欣赏的角度看待自己与他人

将你的观点从恐惧转变为慈爱，是创造真实力量过程里最重要的动能。那是从焦虑转而成为欣赏、从痛苦转而成为喜悦的改变。你无法改变你的任何情绪，但是你可以选择在情绪来临时要怎么应对。你可以做出情绪化反应（再做一次你之前的无意识举动），或适当应对（以不同的方式面对，有意识地选择另一个意图，重新创造）。当你觉得愤怒、沮丧、嫉妒、满脑子批评的念头，或感受到任何来自人格恐惧面向的熟悉痛苦体验，你都可以选择将知觉转移至人格里的某个慈爱面向。

你人格里的恐惧总是在体验令人不安的知觉，而那些慈爱部分总是在享受仁慈良善的知觉。它们不断为你提供地球学校的基本选择：爱或恐惧。你会接受人格恐惧部分的观感，身陷它的泥沼、溺毙其中，将自己禁锢在由熟悉的痛苦经验所筑起的城堡吗？还是你会通过将注意力转移至其他观点、其他可能的理解方式与意图，进而承认它们、感觉它们、挑战它们呢？当你选择沉溺在人格恐惧部分的那些经验与扭曲的观感中，你便是在追求外在力量。当你决心探索其他可能性，尽力做出最健康的选择，甚至在人格里的恐惧像磁铁般地吸引你时，也能坚持这么做，那么，你就能创造真实力量。

有时候，宇宙会给予你一些经验，让你能毫不费力地转移至一个慈爱的观点，获得一种由恐惧到爱、恩典满溢的经验。你可能已经有过这样的经验了。例如，有次琳达和我结束一趟旅行后搭机返家，我们在飞机上坐定，也乐得让两人中间有个空位，如此，我们就有地方可以放书、笔记本与零食等，而且随手就可以拿到。就在舱门关闭前，有个一头乱发的男子在走道上朝我们走来。他在琳达身边停住，拿出自己的机票给她看，那个空位是他的。于是琳达将自己靠走道的位置让给他，挪了身子坐在我旁边。那人衣衫不整、满脸胡荏、头发凌乱，浑身散发一股酒味。

我可以感觉到琳达的顾虑，我也担心他在整个长途飞行期间坐我们旁边是否妥当。起飞期间和随后的20分钟，我们都安静地坐着。当空服员过来的时候，他点了一杯波本威士忌，尽管那时仍是清晨。琳达通常很喜欢与同行旅客聊聊天，但这次她保持沉默。她在权衡身边这位旅客，我看见她在沉思（或感觉）。接着，出乎我意料地，她问了那个男子："您是哪里人？"他并未直视她，只轻声地说："我刚埋葬了我的女儿。"

这短短的一句话，敲开了我的心门，我看见琳达也被打动了。她变得主动而且好奇，并且不再妄下评断、保持距离。她轻声地问了他一些问题，慢慢地，他的故事逐渐浮现。抵达机场的时候，我们已经成为朋友了。他本来打算搭出租车回家，但是我们得知他住的地方其实离我们家很近时，便提议顺路载他一程。我们最后一次见到他时，他就是在挥手跟我们道再见。飞机上的大多数时间里，我并未听见琳达与他的对话，但是我知道她在轻声与他谈论着人格的恐惧与慈爱，同时也尽量帮助他将自己的哀伤与痛苦经验，视为源自他人格里的恐惧能够被挑战与疗愈的机会与体验。

　　修习这份指南，能提醒你记得将自己的观点从恐惧转换为慈爱。例如，当你在一个快速结账的队伍里不耐烦地等候结账，而最前面那人却在翻找他的支票簿（其实商家不接受支票），然后慢慢写着支票，支付那满满一篮的杂货（这个柜台只允许少数结账物品），这能够提醒你问问自己，是否也曾不小心或者故意做过同样的事呢？她是否让你想起自己的祖母？或你最喜爱的邻居呢？你所爱的人或关心的人当中，是否也曾做过同样的事，却完全没有发现别人正在痴痴地等候呢？

　　找个方式让一个新的观点化解你的恐惧，让你在此时此地就成为一个能够欣赏而非评断、能够爱而非畏惧的人，借此创造真实的力量。

消弭你与任何人之间的距离

　　当你觉得与他人有距离感，那是你人格里的某个恐惧部分正在活跃。制造人我隔阂的方式非常多，就和人格里恐惧的经验一样繁杂，例如，嫉妒、怨恨、愤怒与需要取悦别人、觉得自己理所应当、觉得受不了、觉得自己不够好或不耐烦等。所有这一切，都是让你挑战、疗愈人格里的恐惧并培养慈爱的好机会。当你感受到与某人的亲近感，或第一次与某人在一起就感觉很亲密时，你会知道，人格里的恐惧已不再能控制你了。

20世纪，瑞士心理学家荣格阐述了一种方法，让所有人都能在特定情况下发现自己人格里的恐惧部分，然后去体验它。（不过，荣格并未使用"人格里的恐惧部分"这个词，而且他是为心理分析学者而写的）举凡你不想在自己内在看见的（人格里的一个恐惧部分），你便会将它"投射"至这个世界，然后在你的外在看见它，而你一旦看见的时候，总是觉得十分厌恶。荣格将这种动能称为"投射"。

换句话说，你因为太痛苦或太羞耻而无法承认的那些内在部分，你会在别人身上看见，而且你会讨厌他们内在的这些面向。例如，如果你认为自己是关心他人的，但你人格里的恐惧部分其实根本不在乎别人，你便会觉得那些不重视别人的人令人厌恶。他们可能真的是也可能并不真的关心他人，但重要的是，你在别人身上看见了（或认为自己看见了）那份不在乎的痛苦情绪经验。

你所感受到的厌恶程度，正好反映出你有多么不愿意承认自己内在也拥有同样的特质。如果你真的不愿意见到自己内在的某种特质，当你从他人身上看见这一点时，着实不会喜欢。那些最顽固、最自觉正义凛然、最充满敌意的"正义之师"，例如那些强烈反对同性恋的人，都是投射的例子。许多偏执者都发现他们被自己所痛恨的事物吸引，而这种吸引力让他们恐惧不已，以致他们根本不敢去想自己内在亦存在这些东西的可能性。但他们越是与自己外在的这些特质奋战，其致命的吸引力就越强，最后，他们会发现自己正在做自己最鄙视的事情。

你可以检视自己，是否将人格里的某些部分投射到他人身上，然后在这个过程中，为自己创造消弭彼此间距离与隔阂的体验。下次，当你刚认识某人，或远远看见某人就立刻生起厌恶心时，留意自己到底不喜欢他们哪一点，将引起你反感的每一件事写下来。要具体而明确，例如：他很自大。他没礼貌。他很自私。然后看看你自己是否也有这些行为。

一开始，你会觉得自己怎么可能与讨厌的人有任何相似之处。要坚持下去，最终，你会在自己内在发现讨厌之人身上那个令你厌恶的特质，如此一来，你心中对他人的评断将会消失无踪。正如你从自己内在认出那位结账时耽误你时间的人，你也从自己内在认出了那位令你不悦、惹恼你或激怒你的人，这一刻，你与他之间的距离也将随之消弭殆尽。你将能够理解他，你会知道他有过什么体验，因为你也曾有过相同的经历。你不再视他为令人痛恨的目标，而是一个和你一样有着人格恐惧部分的人。

我认识琳达不久之后，发现自己很讨厌她的满腹牢骚（我的观感是如此）。我了解投射是什么意思，但我就是无法想象要如何将这个理论套用在这个例子上。绿色贝雷帽成员绝不发牢骚。我的确做过许多自己不愿承认的事情，但是牢骚？依我之见，绝不是那些事之一。然而，琳达的牢骚（或说她在我观感里的牢骚）不断地惹恼我，因此，我决定开始从自己内在寻找牢骚。有一天下午，琳达提醒我，我可能正在做一件自己无法想象的事（这件事不是发牢骚），我回答她的最后一句话是——"我没有！"我先是低了几度音阶，接着又提高了几乎八度音阶。这可是一流的牢骚啊！我听见自己在发牢骚了！我知道自己若仔细聆听，就会听见，而且确实如此。发现我的人格里有某个自己无法想象它竟会存在的恐惧，着实是个令人解脱的经验。

无论你推开的那人是否真如你所想的那样，痛苦情绪的高涨都在告诉你，你人格里有个恐惧部分正在活跃。举例来说，如果你是诚实的，那么，注意到他人不诚实就不会在你内在制造出情绪反应。你会看见他人格里不诚实的恐惧部分，然后依此行动，譬如不要把你家钥匙交给他。如果你也是不诚实的，或不愿意承认自己并非总是正直坦率，那么，你将会针对他人的不诚实而评断他、责怪他、避开他、说他闲话等。换句话说，从另一个人格里认出你人格中的恐惧不是投射，对它做出情绪化反应才是。

听别人说话时要专注于当下，不要忙着盘算如何答话或评断他人

如果和你在一起的人未能获得你的注意，你便是失去了力量。专注与他人同在不是一种沟通技巧，然而为了有意识地投入你的生活，它是必要条件。举例来说，如果你漫不经心地和某人在一起，想着如何回答他，或想着自己应该去做什么别的事，或觉得他不值得你的注意，你就是踏入一个白日梦与分心的空虚状态里。与地球学校同学之间的互动，就是你的课程内容。你若总是漫不经心地与人相处，就无法洞悉宇宙为了让你发现你的痛苦与喜悦根源所提供给你的机会。你等于坐在一口井旁边，却在喊渴。水就在那里，你却视而不见。有些人一辈子都在喊渴。

和我有收养关系的苏族叔叔告诉我："侄儿啊，有人在说话的时候，永远要带着敬意聆听，即使你认为他说的话很荒谬，也要如此。"他并不是对阿谀奉承感兴趣，他是在承诺创造一个充满力量的生命。你在离开一场交谈之前，不该让自己的注意力先走一步。没有所谓的非正式或随意的互动。你和那些你所遇见的人都同样是灵魂，都在学习关于力量、责任、智慧与爱的课题。

白日梦、懊悔与期望，都是你人格里恐惧部分的经验，无论你拥有多少，它们都无法满足你。对你而言，最有意义的回忆是让自己缺席、忽略其他灵魂，还是退缩到自己的思想里呢？或是那些以专注于当下作为礼物赠予你，同时也接受你相同馈赠的灵魂呢？

力量只存在于当下这一刻。好好品尝每一刻，但不是借由紧抓着它不放的方式，而是去扩展它。

23　伴侣关系指南（四）：有意识的沟通与行动

你的意图会引导你如何与别人互动

　　创造真实力量涵盖了你生活的全部，它包含了你所有的经验，包括你的一切情绪与念头，然后揭露出你所有的意图。没有任何互动、任何人、环境或经验是被排除在外的。你的整个生命都能帮助你创造真实力量。没有什么事会因为太大（例如，绝症）、太重要（例如，9·11事件）或是太严重（例如，全球的经济）而被排除在外，也没有什么事会因为太小（例如，一个嫉妒念头）、太没有意义（例如，一闪而过的预感）、或太不重要（例如，一个送给小孩子的礼物）而不被包含在内。

　　你若不试图利用生命里的每一件事来创造真实力量，就好比企图在没有水的情况下游泳。你可以想象自己在游泳、勾勒那样的画面、阅读跟游泳有关的书、让自己获得关于游泳的灵感，甚至练习挥动手臂与双手，仿佛自己真的在游泳；但是若没有水，你就是无法游泳。你不能在湿地板上游泳，也无法在一个浅浅的小溪里游泳。你必须让自己浸在水里、完全泡入水中、整个人进入水里才行。当你立定了游泳的意图，那样的意图会引导你直接进入水中；而当你设下了创造真实力量的意图，那样的意图也将直接引领你与他人互动。

创造真实力量与之前每一种灵性、宗教与自我成长的方法都不同。对祈求宇宙帮助他们打败敌人、祈请神明赐予好运、操弄并控制环境与他人以求一己生存的五官人来说，真实力量是说不通的，亦是无用的。创造真实力量会将你人格里看重自身经验更甚于他人经验、看重自身幸福更甚于他人福祉、看重自身生命更甚于他人生命的每一部分人格，连根拔除。它会将你的经验蜕变为一场学习的冒险，一座持续提供你泅水（创造真实力量）或沉溺（追求外在力量）机会的慈悲海洋。

当你有意识地创造你的经验、选择爱而非恐惧，并且履行你和宇宙的神圣合约时，你就是在游泳。而当你持续以过去旧有的方式来创造（无意识地带着恐惧来创造），然后试图以追求外在力量来逃避无力感之苦，你就是在沉溺。

在你学会游泳之前，各种事件与情况会让你难以承受。你会渴望着你没有的，也会害怕失去你所拥有的。你人格里的恐惧决定了你的感知、经验与意图。你害怕生命，也害怕死亡。你祈求神迹出现，却不了解它的意义何在——它是为了协助你过一个慈爱、感恩与满足的生活，而不是为你解除你生来该做的工作。

多官知觉为我们阐明一种更高秩序的理性与正义。它揭露出外在世界与内在世界之间，五官人所无法看见的关系。

五官人相信他们的情绪经验是由外在境遇造成的，多官人则知道他们的情绪经验独立于外在境遇。五官人将自己的生命视为一个残酷宇宙的障碍赛，或随机被迫接受的东西；多官人则将每一个生命视为一趟寓教于乐（地球学校）的旅程，它的设计是为了将帮助带给通过自己人格所做的选择而获得灵性成长的灵魂。

放下恐惧，互动就能充满爱与仁慈

多数的五官人会以努力奋斗的方式，让他们的互动变得有意识、充满了爱；追求真实力量的多官人会让他们所有的互动变成有意识的、充满爱的，那是因为他们渴望健全的生命，并且立定意图要创造它。他们拒绝再受到愤怒、嫉妒、复仇心、怨恨与暴怒的控制。他们严肃看待甘地提出的挑战——让自己先成为自己想要看见的改变。他们也知道一己选择所发挥的影响力，将会远远超越五官知觉的领域。

五官人认为那些消除、减轻或者最大程度降低受苦的互动，就是慈爱的，但多官人知道这个问题复杂得多。监禁一个罪犯，是慈爱的行为吗？（没有人想要被监禁）释放他、让他自由，是慈爱的行为吗？（他可能会攻击别人）让一个不愿挑战药物上瘾的员工继续工作，是慈爱的吗？（他有钱时就会去购买药物）开除他，是慈爱之举吗？（他的家人都靠他养活）

　　五官人会借由外在境况来区别一个互动是否是慈爱的，多官人则是借由意图来区分。如果你要的是报复，那么，将罪犯关进监牢就不是慈爱的行为；如果你在不评断那名罪犯的情况下，试图想保护他人，那么，监禁他就是慈爱的行为。如果你害怕一个上瘾的员工，而且想要将自己的意志强加于他，来让自己获得安全感与价值感，开除他就不是慈爱的行为；但如果你关心他、他的家人，还有他的健康，那么，开除他就是慈爱的行为。

　　有意识的、慈爱的互动，对五官人而言是令人向往的，对创造真实力量的多官人而言却是必要的。将无意识的不慈爱互动转变为有意识的慈爱互动，不仅能挑战你人格里的每一个恐惧，同时也培养了每一个慈爱。

　　创造真实力量将灵性成长、创造有意识的、慈爱的沟通与行为结合为一个单一作为，也就是你的生命。例如，带着隐藏的意图喂饱饥饿的人，只为了推销你的信仰，这不是慈爱的行为；因为他们饥饿而让他们得到温饱，就是慈爱的行为。为了让自己获得安全感与价值感（优越、义愤填膺、做正确的事等）而去照顾病患，并不是慈爱的；因为他们需要帮助而照顾他们，就是慈爱的。只有你知道自己在说话或行动当下的意图为何，而你的意图（爱或恐惧）所创造的结果可是一点也不含糊，它们之间没有模糊的界限。

　　甘地曾前往开伯尔山口附近拜访普什图人。他的朋友们都警告他："这些人是战士。"甘地回答道："我也是个战士。我想要教他们如何以非暴力的方式战斗，以无畏无惧的方式战斗。""你害怕吗？"甘地问他们。"否则为什么要带着枪呢？"他们全都瞪着他看，因为从来没有人这样对他们说。"我毫无所惧，"甘地继续说，"所以我才没有带武器。"双方互动结束之后，一位高大的普什图人阿卜杜尔·贾法尔·汗放下了他的步枪，其他人也纷纷效法。这位巨人成了甘地的忠实伙伴，在没有武器的情况下，陪伴甘地多次参与挑战英国政府政策的勇敢行动。在许多照片里，阿卜杜尔·贾法尔·汗都与甘地一起出现，非常容易辨识，因为他在众人当中总是鹤立鸡群。这是个充满爱的互动。

创造有意识的、慈爱的互动，让你成为和甘地一样的灵性斗士，不受恐惧的束缚、没有惩罚坏人的需要。它让你能够像甘地一样、像一位国王一样、像那些在仇恨世界里拒绝去恨、那些能够爱仇敌一如盟友的人一样，共同创造一个反映出灵魂意图的世界。

创造真实力量能带领你深入这个世界，而不是远离它。它让你能与其他的灵魂连结在一起，而非彼此分离。你与他人的互动，就是你灵性发展最重要的关键。若你依然受到人格里恐惧部分的控制，便无法在灵性上得到进化，因为你人格里的恐惧部分会制造无意识的、不慈爱的互动。无论你如何称呼你的道途，如果你的人我互动未能变得更有意识、更慈爱，它就不是灵性道途。你与他人的互动能告诉你，你在哪些方面必须更努力。它们也会指引你，你已经走过了多远的路。

创造真实力量会制造有意识的、慈爱的互动。而要创造真实力量，制造有意识的、慈爱的互动亦是有必要的。承诺、勇气、慈悲与有意识的沟通与行动，皆会在一个拥有真实力量的生命里交融在一起。

24 有意识的沟通与行动实操：聆听直觉的指引

有位旧识的行为让我十分惊讶。几年前，他仍显得无忧无虑、天真单纯，现在他却苦恼万分，终日闷闷不乐。他告诉我，自己继承了一间小房子，他搬进去住，然后将原来的住家出租。现在，他的房客已经迟交房租好几个月了，而且破坏他的房子、免费享用房屋设施，但账单仍在他名下。"我实在一筹莫展，"他解释道，"我住的这个州，驱逐房客要历经漫长且昂贵的程序。同时，我一直看见我的房子遭到破坏、损失租金收入，然后还必须缴交房屋贷款和设施的费用。"

他曾跟随教会前往几个国家从事志愿者工作，在这次经验之前，他认为自己是个慷慨、和善的人，但是现在，他对这些突然来袭的情绪、念头与幻想感到措手不及，它们比他曾面对过的财务困境更令他苦恼。这使他非常困惑，促使他开始质疑自己的善良，还有自己的价值与意图。

"灵性伴侣关系指南"正是针对这种处境所设计的，也可以说，它是针对每一种处境而设计的。"有意识的沟通与行动指南"是个为创造真实力量所设计的快速查阅表。以下是一些例子，说明如何运用指南来处理我那位友人的情况。你在阅读时，可以设想如何将它们套用在自己的情况里。

遵循你的直觉

　　直觉是通往慈悲与智慧的管道，它是我们无法给予彼此的东西，是与无形的指引和导师的沟通，而他们唯一关心的就是你的灵性成长。接触直觉的第一步就是提出一个问题，第二步便是倾听答案。答案总是会来的，只是它不一定会依照你预料的方式或时间来临。我那位友人有许多方式能处理他与房客之间的关系，例如，采取直接的立场、通过律师、委婉的态度、直率的表态等。当你问："有什么最合适方式，能让我去做我想要做的事呢？"（在这个例子里，就是让房客搬出去），你的洞见一定会出现。

　　这个答案或许会在你淋浴的时候、外出散步的时候或在你开车上班途中来临，而且它可能不是你想要听到的回答。来自直觉的答案经常会令你感到惊讶。你的理智总是会合理化你想要做的事。

　　来自直觉的洞见并非命令、指示或戒律。你的无形导师不会告诉你该怎么做，他们会引导你发挥创造力的深广度，帮助你看见自己未曾想过的选择，并考虑每一种选择所带来的结果。只有你能决定要如何运用自己的意志将能量塑造为物质、决定要创造什么样的业。无论你在做决定的过程中咨询了谁，包括你的无形导师，你的选择永远都是你自己的责任。

在说话或行动之前，选择你的意图

意图是制造出效力的因，选择一个意图是最根本的创造行为。意图就是你之所以做某件事的原因，或说动机。每一个行为都有一个意图，而每一个意图都来自人格里的某个慈爱或恐惧部分。相同的行为可能会有不同的意图，例如，赚很多钱的动机可以是想要购买时髦服饰或一部名车，以此吸引他人的目光或获得他人肯定，也可以是想要为孩子支付教育费用。第一个动机是追求外在力量，第二个则是创造真实力量。

在说话或行动之前选定你的意图，即是在选择你的话语或行动将会制造的结果。如果你无法有意识地选择你的意图，就会落入无意识的选择之中（你人格里的恐惧会替你选择）。你永远能够辨识无意识选择（由你人格里的恐惧在你觉察之外所做的选择）所带来的结果，因为当你遭遇到这些结果时，它们会对你造成伤害。你对自己的意图探究得越深入，就越能清楚看见无论看似有多少选项供你挑选，你的选择实际上只有两种：爱与恐惧，而选择爱能创造真实力量。

如果你对自己的意图仍不确定，那么在你说话或行动前，先问问自己："我的动机是什么？"在这个评估过程中，你并非孤单一人。这是一种不会失败的直觉咨询方式。如果你的意图有违于和谐、合作、分享或礼敬生命，如果它不是无二无别地关怀他人、支持他人、对生命做出建设性贡献，那么，它就是想要操弄与控制，你追求的便是外在力量。

我的友人其实可以在每一次和房客谈话之前，先问问自己："我的动机是什么？"然后一旦发现自己带着不慈爱的意图来说话或行动时，即借由选择一个慈爱的意图并利用他与房客的痛苦经验来创造真实力量。

依据你所能触及的人格里最健康的面向来行动，而非一味地照顾、修复、教导、评断、责怪、闲言闲语等

在你感受到自己人格恐惧里的痛苦觉受时，若能选择从人格里的慈爱来展开行动，就是你的灵性之路开始成长的时刻。选择依据你所能找到的人格里最健康的部分来行动，而非依据较不健康的面向来应对，就是挑战自己，以求突破人格里恐惧限制的步骤。那是真实力量被创造出来的时刻，也是灵性成长发生的瞬间，而这一切完全取决于你的抉择。

我的友人对自己和房客互动，或者一想到房客便汹涌而至的强烈痛苦情绪与脑海里出现的画面，感到震惊不已。他自我认知到的慷慨、和善形象，与相继出现的暴怒、无助、羞辱、想要复仇、接着又再度愤怒的体验，很不一致。他那无力感的痛苦经验轮番上阵、不断地循环，让他坠入了愤懑、困惑与罪恶感的漩涡中。他责怪自己的暴力思想与幻想，同时却又受到它们的吸引。

我的朋友已经发现了他人格里的恐惧。多数人都认为自己不可能出现足以谋杀人的暴怒,不可能故意对人施加痛苦、希望他人遭殃,但我们所有人都可能如此。"我的律师告诉我,这些房客是专业级的,"他解释道,"他们经常干这种事,也知道如何钻法律漏洞。我现在只能等待了。"他在等待的同时,不满的情绪在肚子里闷烧,然后爆发为愤恨,然后是暴怒,接着又因为这些体验而心生罪恶感。

五官人会将这些情况视为一种不幸,多官人则将其视为一个学习的机会。我那位朋友的暴力幻想为他揭露出自己人格里的恐惧,而这些恐惧若继续维持在无意识状态,必定会带来痛苦的结果。那些恐惧已经事先为他预告它们计划要干些什么事,而且真的会这么做,除非他能够做出另一种选择。这就是诱惑的目的。诱惑是一个恶果现前的预演。诱惑让你能去体验并疗愈能量圈里的负面能量,让它不至于溢出至他人的能量圈里,例如我那位友人的房客。它们是来自宇宙慈悲与智慧的珍贵恩赐,让你能够在不伤害他人与自己的情况下,获得灵性成长。

截至我和朋友上回的谈话,那些难缠的房客,不断提供机会让我朋友选择从他人格里最健康而非最不健康的面向来与他们互动,并借此体验及挑战他人格里的恐惧。实际上,他们是他在创造真实力量旅途中的盟友。

说话要针对个人并且具体明确，而非使用一般性与抽象用语（用"我"而不是"我们"或"你"来陈述）

我的朋友向我解释他的经验，仿佛那是每一个人的经历。他告诉我："'我们'很害怕自己在愤怒时会做出什么事。"他的意思是："'我'很害怕自己在愤怒时会做出什么事。"以一般性的词汇来谈论他人，而非具体而明确地谈论自己，目的是模糊你人格里的恐惧，稀释你对它们的体验。要创造真实力量，你必须去感受自己人格里的这些破坏性与痛苦面向，同时对它们下战帖。

我从和自己有收养关系的苏族叔叔那里学到，拉科塔族的语言并非全都能翻译成适切的英语，但有些部分对英语使用者来说不但非常容易理解，而且具有深远的影响力。例如，当一个人召集人们前来集会或举办活动时，他会说出他的名字，然后会在结尾时说"他我 yelo"（he me yelo，发音为 hey may' yeah-low）。如果我是个苏族人，在每一场活动结束时，我会以我所创造的真实力量说道："我是加里·祖卡。我为在此发生的一切负责。如果有人有任何问题，欢迎来找我。"当你的发言能够针对个人、具体明确，而非抽象笼统，你也是在这么做。你承认了你对自己言行所需负的责任。

在你创造真实力量的同时，你已成为自己生命的权威。

你对自己所选择的、未选择的，自己所留意的、未留意的，以及自己所创造的，负起全责。

释放对结果的执着（信任这个宇宙）。如果你发现自己产生了执着，就从"承诺""勇气"与"慈悲"重新开始

五官人的最高优先选择是操弄与控制环境，即追求外在力量。例如，我的朋友便是执着于尽快将不付房租的房客驱逐出门，让房屋的损失降到最低，然后再度出租出去。多官人的最高优先选择则是灵性成长，也就是创造真实力量。这个优先选项的不同，改变了他们的经验与所创造的结果。

五官人追求的是能够获得安全感与价值感的解决之道，多官人则会为了创造真实力量而认识自己。一个五官人看见的是该维持或改变一个环境，一个多官人看见的则是获得灵性成长的机会。他们都努力将眼光放在自己的目标上，五官人的目标是物质目标，多官人的目标是真实力量。当你发现自己执着于结果，就表示你将焦点放错了目标。若你执着于某种能为你带来安全感与价值感的结果，则表明了你是在追求外在力量。

一旦你创造了真实力量，你对当下必须做些什么事会更清楚、更正确。例如，把房客赶出去、找一份新工作、学习如何不带怒气地说"不"、学习如何不为了取悦而说"是"等，你将能创造具有建设性的、喜悦的结果，而非破坏性与痛苦的结局。每种情况都提供你一个重新选择的好机会，让你获得一个迥异的、健康的观点来理解你必须做什么、为何要做，以及怎么做。

以下是一份创造真实力量的迷你查阅表：

● 信任。宇宙的慈悲与智慧处处可见、随时可得，你可以在任何时间、任何地点、任何情况下去尝试与实验。每一种情况都会激发一道情绪之流，制造出令人愉悦或痛苦的感受、充满评断或欣赏的念头，以及建设性或破坏性的意图。每一种境况都提供你一个新的机会，让你的灵魂遵从你的直觉、运用情绪觉察、做出负责任的选择，然后让你的人格与灵魂和谐一致。无论是在少年或老年、健康或生病、富有或贫穷的情况下，新的境况都将如春天的新草一般不断生起，结果会不断开展，每一种境况都为你带来一个新的机会去创造真实力量。一旦你看见这一点，你将不会忘记它，也不会害怕失去它。那就是信任。

● 放松。人格里的恐惧部分从无力感之苦，延伸至痛苦情绪、执念、强迫性活动，以及上瘾行为。这些恐惧部分的安全感，完全取决于外在环境和外在环境的改变，因此，它们需要不断地去操弄、控制环境。你人格里的恐惧对死亡感到惧怕不已，然而从多官人的观点来看，你不可能被完全毁灭。一旦你明白这一点，其他的只是经验罢了。你越是积极地创造真实力量，就越能看见每一种境况都提供你一个机会去重新选择，去再度创造真实力量，然后你便可以对自己说："宇宙是我的创造伙伴。"于是，你放松地进入这个共同创造的过程，放松地进入你和宇宙的这份伙伴关系；放松地进入那永恒的当下，放松地进入你的生命与包含其中的一切。

● 尽力而为。我的朋友与他的房客会谈、咨询市政府、雇用律师，但是他并不享受这个过程。当你见到宇宙的智慧与慈悲，请放松地进入你的生命吧！尽管信任宇宙，也无法放松，然后尽力而为就好。他意图达成他的目标——把房客赶出去，但他并未在这个过程中创造真实力量。他的痛苦情绪对他来说显然是一种障碍、一种达成目标过程中的严重干扰，而非来自灵魂、能够帮助他获得灵性成长的信息（你人格里的某个恐惧部分在活跃，或是你人格里的某个慈爱部分在积极行动）。当你信任这个宇宙并放松下来，便能够尽力而为。在那之前，你是无法办到的。我的朋友原本能够正确地将他的痛苦经验视为来自宇宙的礼物，目的是为了帮助他找出并且疗愈人格里的恐惧，进而发挥他的全部潜能。利用你的经验来创造真实力量永远是一个最佳的做法，你不必再做更多了。

● 享受这个过程。当你见到宇宙的智慧与慈悲，请放松地进入你的生命吧！尽力而为即可，这是你所能做的一切了。

然后，将你的手离开方向盘，让你的无形指引与导师做他们那部分的工作，让宇宙做它那部分的工作。你无法理解宇宙是如何运作的，也无法测度它的智慧与慈悲，而且你也不需要知道。你只要信任，放松，尽力而为，然后享受这个过程。

25　通过练习，让关系不断进化

"灵性伴侣关系指南"不断地在进化。

它们也会随着你对真实力量与创造这份力量的承诺与理解逐渐加深，而为你进化。

请从 www.seatofthesoul.com 网站上打印"灵性伴侣关系指南"。

将它们贴在你的镜子或冰箱上。

把这份指南带到工作场所，并且影印一份放在你的包包或钱包里。

要经常拿出来阅读，别不好意思。

在家里、与家人在一起、上班、上学的时候，都可以修习"灵性伴侣关系指南"。

长期修习能让你将它熟记于心；

长期修习能让你一再尝试、实验它们；

长期修习能让你经常拥有创造真实力量的经验；

再从你的经验当中，看看如何做出有建设性的贡献。

接着再继续反复尝试、实验。

灵性伴侣关系指南

承诺：

●永远将焦点着重在如何认识自己：特别是从你的情绪化反应，例如，愤怒、恐惧、嫉妒、怨恨、不耐烦等来认识自己，而不去评断或责怪他人或自己。

●留意你的情绪：方法是去感觉身体能量中心的觉受，例如，你的胸腔、太阳神经丛与喉咙部位。

●留意你的念头：例如，评断、分析、比较、做白日梦、计划如何回答等，或是感激、欣赏、轻视、对生命敞开的念头等。

●留意你的意图：例如，怪罪、评断、一定要是对的、追求他人的仰慕、逃避至某些思想里（智识化）、试图说服等，或合作、分享、创造和谐，以及礼敬生命等。

勇气：

●不怪罪：为你的感觉、经验与行为负起责任。

●时时刻刻保有诚正之心：这经常需要付诸行动，例如在你人格里的恐惧部分不想说话时开口说话，或在它们感觉非说话不可时闭嘴。

●去说或去做那最困难的事：当有人依据人格里的恐惧而说话或行动时，在合宜的情况下，分享你所注意到的事，以及分享自己害怕说出口的话、知道自己必须要说的话。

慈悲：

● 将你的观点从恐惧转变为慈爱：选择从一个慈爱或欣赏的角度看待自己与他人。

● 消弭你与任何人之间的隔阂。

● 他人说话时，要专注于当下：不要忙着盘算如何答话、评断他人。

有意识地沟通与行动：

● 遵循你的直觉。

● 在说话或行动之前，选择你的意图。

● 依据你所能触及的人格里最健康的面向来行动，而非一味地照顾、修复、教导、评断、责怪、闲言闲语等。

● 说话要针对个人并且具体明确，而非使用一般性与抽象用语（用"我"而不是"我们"或"你"来陈述）。

● 释放对结果的执着（信任这个宇宙）。如果你发现自己产生了执着，就从"承诺""勇气"与"慈悲"重新开始。

灵魂疗愈摘要 5

如何将"灵性伴侣关系指南"付诸行动?

别再观望了,即刻就开始行动吧!

现在要进入"行动"的步骤了,那是改变生命的行动、从能量到物质的蜕变、将可能性化为经验的过程。"灵性伴侣关系指南"无法创造真实力量或灵性伴侣关系,但是"运用"这份指南则可以。有无数的方式能创造真实力量,因为你的生命里有无数种境遇。每一刻都带来一个新的境遇,个个都提供了无数的可能性让你创造真实力量,也提供了无数的方式让你建立可能的灵性伴侣关系。

海洋里的每一滴水、暴风雪里的每一片雪花,以及你生命里的每一种际遇,都是独一无二、完美无瑕、转瞬即逝的。真实力量就是在这种背景之下创造出来的。让你的直觉、经验,以及你灵性伴侣的支持汇聚起来,告诉你如何在每一种情境下运用"灵性伴侣关系指南",或者通过不同方式尝试运用它们的方法。

接下来,我会提供一些有用的建议,但是一旦你了解到,自己才是唯一必须为自己在生命里创造的结果负责的人,谁还能再提供你更好的建议呢?放松地融入这整个过程吧!享受这个旅程。最重要的是,开始去体验这个过程。

26 实操范例（一）：对谈的步骤与问句

你能给予灵性伴侣的最佳支持

你人格里的恐惧部分是一个情绪、念头、知觉与意图的封闭系统，它们对改变一点都不感兴趣。在你挑战恐惧之前，它们将会继续控制你。要挑战你人格里的恐惧，你必须在它们活跃时，也就是在你感受到必须大声咆哮、痛快发泄、在情绪上退缩、取悦他人或支配他人等之际，有意识地运用你的意志。向内观看，看看你人格里的这一部分，去体验你能量中心痛苦的身体觉受，留意你的念头、观察你的意图，而非做出情绪化反应。这就是挑战恐惧的第一步。

挑战你人格里某个恐惧的那个选择，绝不会是来自该恐惧。例如当你生气的时候，你人格里的一个恐惧部分会意图保持生气状态，它不会做出其他选择。所以，那是你的工作。如果你不愿意去向你人格里的恐惧下战帖，它自然就不会受到挑战，你也就不会获得灵性成长。你利用机会去创造真实力量，而不是追求外在力量。

认知到这一点，能让你在灵性伴侣的某个人格恐惧变得蠢蠢欲动时，踏出支持伙伴的第一步。这么做，也能让你在面对相同情况时，获得对方的支持和鼓励。第一步就是愿意去检视那个在你内在沸腾、咆哮、爆发的面向。若没有第一步，就不可能有第二步。因此，当一个灵性伴侣出现情绪化反应（因为受到人格恐惧的控制），或者你认为他是如此，那么，第一步是提出下面这个问题：

"你愿意挑战它吗？"

有许多方式能明确地表达这个问题，但是问题永远一样：此刻，你是否愿意检视你的内在经验？如果答案是否定的，你便无法再有进一步的动作了。若忽视对方的答案，将自己的意见强加在他身上，便是在追求外在力量。如果答案是肯定的，请尝试几个适当的问题，例如：

"你的身体有任何感觉吗？"

帮助你的灵性伴侣找出他的胸腔、太阳神经丛、喉咙与其他能量中心附近的特定身体觉受。提醒他使用诸如"刺痛""疼痛""抽痛""紧缩的""放松的""暖的""冷的"等字眼，而不是诸如"悲伤""快乐""愉快""很好""不好"等用语。将他的注意力引导至他的能量中心，让他在自己人格里的恐惧部分变得活跃时，能够熟悉每个部位的感受。他所找到的痛苦觉受将会告诉他，他人格里有某种恐惧正在积极活动。

"你现在有什么念头？"

帮助你的灵性伴侣觉察自己的念头。即使他找不出自己的身体觉受，也能注意到自己的念头，例如对自己或他人的批评念头，或对自己和他人的欣赏念头，怨恨或感激、比较或满意的念头等。那些充满批判性、怨恨或比较等念头是在告诉他，他人格里有个恐惧部分正在活跃。

如果他依旧不愿承认，运用你的直觉，找出接下来该进行什么步骤。例如，你可以问：

"如果你正陷于人格里的某个恐惧部分之中，它想要说些什么？"（"我觉得你让我感觉自己错了"，或者"我觉得受到威胁"等。）你永远可以问："那是慈悲的念头，还是缺乏慈爱的念头？"答案对他来说永远都是清楚明确的。利用能够小心引导而非指使或教导的问题，例如："当我们真正去检视人格里某个恐惧的念头与观点，它们并非来自人格里慈爱部分的事实，就会变得显而易见。这是不是很奇妙呢？你发现了吗？"如果他的答案是肯定的，请帮助他进入下一个步骤。例如：

"我们可以通过挑战你人格里的这一部分来疗愈它，你想试试看吗？"

如果答案是否定的，你便无法再进入下一步。创造真实力量的先决条件就是创造真实力量的意图。若无此意图，就不可能去挑战人格里的恐惧，无论你使用了多少关于真实力量的字汇、讨论了多少关于真实力量的概念。而如果答案是肯定的，那么，新的可能性就会出现。挑战恐惧的第二步是重新选择，带着一个不同的、健康的意图来创造——创造一个建设性结果，而非恐惧一向喜欢制造的破坏性结局。

举例来说，如果你的灵性伴侣很愤怒，而每当他生气时，都会习惯性地出现情绪上的退缩，那么对他而言，一个负责任的选择（一个能创造出他愿意对结果承担责任的选择），意味着在当下保持觉察力。如果他生气时会习惯性地咆哮，那么对他而言，一个负责任的选择将是保持沉默，或者倾听，即使他必须握紧双拳、强迫自己闭嘴，也得要这么做。

刚开始学习真实力量的学生，最常问我的问题是："我现在该怎么办？"也就是："我在胸部、或喉咙、或太阳神经丛附近感到疼痛。我知道我人格里有个恐惧部分在蠢蠢欲动。我现在该怎么办？"最后他们终将明白，"我现在该怎么办？"是个永恒不朽的问题，而且他们自己就能够回答。

他们只有两个选择：挑战那个活跃的恐惧，或者是放纵它。在这个例子里，即带着愤怒去创造，或是在体验到无力感之苦的情况下，立定创造建设性结果的意图。最终的选择，永远是爱与恐惧之间的抉择、创造真实力量与追求外在力量之间的抉择。你的灵性伴侣越是能够认知到追求外在力量所带来的痛苦结果，以及创造真实力量所带来的帮助，就越会有动力去创造真实力量。创造一个受到充满祝福的、充满爱的健康未来，被心存感恩、有爱心的、健康的人所围绕，而非一个充满破坏性的痛苦未来，被愤怒、贪婪、一心想报复或嫉妒的人所包围——这是一个非常强大的诱因。

请支持你的灵性伴侣进入第二个步骤，这个步骤能铲除他内在囚牢的高墙、改变他的生命轨迹，并以一个有意识的抉择取代之前无意识的选择。如果他愿意，请引导他这么做。例如：

"要挑战你人格里的这一部分，你如何以不同的角度看待它，或改变你的观点呢？"

每一种境遇（创造真实力量的机会）都是独一无二的，而且没有人能像你的灵性伴侣一样，对此境遇了解得如此透彻、详尽——虽然他人格里的某个恐惧让他的身体充满痛苦、扭曲他的思想，而且还有破坏性意图。这个机会就包括在他过往的历史里、通过他的经验而形成，完全为了他的灵性成长量身打造。他比任何人都更清楚下一步是什么。他的无形指引与导师能将选项显示予他、为他阐明可能的结果，帮助他发挥智慧来运用创造力。但是他必须自己做出选择，才能将能量蜕变为物质，决定他下一个选择之前的生命轨迹，然后将其中一种可能的未来化为现实。

如果你建议他做某个选择，那么，你对他的决定所做的干预，将会变成你一部分的结果。那是一种操弄与控制的业，属于外在力量的结果，那会将你牵引至一些企图干预你决定的人。如果你立定了支持伙伴创造真实力量、不执着于结局的意图，并且协助引导他发挥自己的智慧，那也会成为你一部分的结果，而你也会将自己牵引至一些能帮助你发挥智慧而不执着于结果的人。

如果伙伴决定挑战他人格里的恐惧，那么，请帮助他看见他下定决心时的力量有多么强大，协助他认知到这个决定在创造真实力量里的角色。即使他已经知道了，也要让他从他的灵性伴侣口中听见，让他了解这位伙伴因为关怀他，所以当他感受到无力感之苦、当他的某个恐惧席卷了他的内在时，依然与他同在，不离不弃。让他能照见自己的智慧，从而看见这件事的美好。例如：

"转变你的观点是件多么正面的事，即使改变只有一点点。它能启动你人格里这一部分的深层疗愈过程。"

当你为彼此的互动注入越多的感受，你的灵性伴侣就越可能敞开来接受你的支持。请运用"恕道"（黄金定律）。你想要一个能教导你、导正你、照顾你或试图操控你的灵性伴侣吗？或者，你想要的灵性伴侣是一个能让你将注意力转回问题所在，即体验并挑战你的某个恐惧，而非为其痛苦经验责怪他人，或以其他方式合理化它们的人呢？谁能在创造真实力量的过程中，给予你最大的支持——一个同情你、安慰你、试图让你觉得好过点的朋友？还是一个像你一样知道你的痛苦经验源自内在，而消除它们的唯一办法就是去挑战并疗愈其内在根源的灵性伴侣？一个不会强迫你接受他的观点，但是他也不会因为你的眼泪、愤怒、退缩与其他的操弄手段而受到扰乱，因而无法帮助你体验、挑战并疗愈那折磨人的恐惧的灵性伴侣呢？

以上这些，就是支持一个人创造真实力量的其中一半过程，亦即对方的体验。

从你自身开始实践

另一半过程则是你自己的体验。无论你的敏感度有多么高，或是你遵循"灵性伴侣关系指南"的技巧有多么好，你自己若不创造真实力量，就无法支持他人也这么做。对另一个奋力想创造真实力量的人而言，创造真实力量是你能给予他的最佳支持。你必须亲自去做你在帮助他达成的那些事。你能不能在支持伙伴的同时，也扫描你的能量中心呢？支持伙伴的时候，你是否能觉察到自己的念头与意图呢？你是否不执着于自己支持伙伴之后的结果呢？如果你所支持的对象做出情绪化反应，例如，生气、怨恨或流露出鄙视态度，你会同样地做出情绪化反应，还是适当应对呢？

支持他人创造真实力量时，必须对那人付出深切的关怀。在支持对方的同时，你也必须抱持着创造真实力量的意图。你们的互动，很可能会触发你人格里惧怕他的愤怒、挫折、报复心或嫉妒心的恐惧。若是如此，你会做出适当的应对，还是情绪化反应呢？你的价值感与安全感是否来自获得赏识呢？万一伙伴把你推开，怎么办？你在支持他的时候，是否心生优越感，好比一个缺乏安全感的老师对学生可能产生的感觉，或是一个缺乏安全感的教授对助理可能产生的感觉，或是一个缺乏安全感的咨商师对案主可能会有的感觉？或者，你会不会觉得自己有所不足、没价值或没资格呢？你是否在照顾人、试图取悦、做白日梦，或在盘算接下来该说什么呢？这些都是你人格里恐惧的经验，而你在支持伙伴挑战他的恐惧时，会不会也去挑战自己的那些经验呢？

支持他人创造真实力量是一条双向道路。它能带给你对自己人格里恐惧的觉察力，而那些部分是你必须自己去经历、挑战及疗愈的，如此，你才能在帮助伙伴觉察到其恐惧时，创造真实力量。同样地，对方人格里的恐惧，也必须由他自己去经历、挑战与疗愈。

你在开始前，是否阅读过"灵性伴侣关系指南"？你在支持伙伴时，是否试着遵循这份指南呢？这份指南能提醒你一些基本原则，帮助你运用在自己以及你支持的对象身上。例如，你是否遵从了你的直觉？你的意图清楚？（如果你的意图不是支持他人，那么，你就是在追求外在力量。）你的观察与问题是否来自你人格里最健康的面向呢？你是否适时地说出心中担心会破坏灵性伴侣关系的事呢？你是否真挚诚恳呢？

当你的支持对象做出情绪化反应，例如，生气、不耐烦、暴躁、猜疑或表现出敌意，而你人格里的恐惧亦同样以情绪化反应来响应时，例如，情绪性退缩、产生防卫心、以生气回报愤怒、以不耐烦回报没耐心或以敌意回报不友善等，你就已进入一场外在力量的斗争中。你的某个恐惧选择了参与这场斗争，但是唯有你，才能选择不再参与其中。

你人格里那个受到斗争吸引的恐惧打算要赢得胜利，它相信它的理由是正确合理的，其他人都是错的，或不正确的，或更低劣的。换句话说，恐惧受到了威胁，追求的是外在力量。唯有你能挑战这个部分。当你决定踏出这场权力斗争，尽管你人格里的那部分断然拒绝，你仍是在向它提出挑战。它会持续感到痛苦、满脑子充斥着愤怒的思维、企图击败对手，而你也会持续体验到这些情绪。但是，与其愤而采取行动，你要做的反而是停止继续参与战斗。你会在必要时保持缄默（带着创造真实力量的意图）、在必要时离开房间（带着创造真实力量的意图），或是在那一刻尽可能专注倾听（带着创造真实力量的意图）。其他任何让你保持沉默、离开房间或倾听的意图，都是在追求外在力量。

要支持伙伴创造真实力量，你必须发挥你的直觉、勇气与慈悲。而你在烦乱、嫉妒、挫折重重或不耐烦的时候，能做到这一点吗？你需要的是爱而非恐惧，而且你必须在爱不在的时候去挑战恐惧。你能否在伙伴不去挑战自己的恐惧时，由你去挑战自己的恐惧呢？要支持真实力量的创造，有意识的意图是必要的，你是否能将自己包含在那个意图之中呢？

灵性伴侣关系的目的就是灵性成长，而你的认真参与，会在各方面支持你获得灵性成长。

27 实操范例（二）：如何应对对方人格里的恐惧面向

创造真实力量与灵性伴侣关系的机会处处可见，每当你发现自己人格里的某种恐惧正在活跃、每当你看见另一个人格里的恐惧正在蠢蠢欲动，抑或你认为可能如此，你就拥有一个创造真实力量，甚至是灵性伴侣关系的机会。举例而言，假如有人向你抱怨（或抱怨你）、说三道四、批评自己或他人，制造一种"我们"和"他们"的对立，或是期待获得你的赞同，那就是他人格里的某种恐惧正在积极活动。如果他有优越感或自卑感，那就是他人格里的某种恐惧正在活跃。当一个人发怒、焦虑、怨恨、嫉妒、产生忧郁或狂躁情绪，那也是他的某种恐惧正在活跃。当他无法克制地喝酒、滥用药物、抽烟、赌博、观看色情影片或书刊、从事性行为或购物，都是他人格里的某种恐惧在作祟。每当你注意到自己产生执念（例如想要寻找救主或一心想复仇的念头等）、强迫性行为（例如工作狂、完美主义）或上瘾行为（例如酗酒、暴食等），也都是基于同样的原因。

无论你去哪里、无论你望向何处、无论你遇见何人，你都会看见那些人格里恐惧正在活跃的人。每一个另有所图的微笑，例如为了让你心安、勾引你或出卖你，都透露出人格里的恐惧。每一个咆哮、怒容与皱眉亦是如此。这些全是试图操弄与控制。对操弄者而言，所有这些都是令人痛苦的。举例来说，愤怒即是追求外在力量，它的体验无疑是令人痛苦的。嫉妒、报复心、怨恨、优越感与自卑感，全都是这样，无一例外。

每一种痛苦情绪都是对外在力量的追求。五官人认为痛苦情绪是由诸如肉体或心理创伤、荷尔蒙失调或营养不良等情况所造成的，唯一的治疗方式就是通过生理或情况的改变。他们将相互关联性误以为是因果关系。每一种情绪经验都是生理学、神经学与情况之间的相互关联，但是这些相互关联并非该经验的肇因，它们是伴随而来的。多官人能看见每一种生理与精神失调症状下的无力感之苦，然后以创造真实力量作为治疗方式。

了解并发展情绪觉察，能将每一种痛苦情绪转化为一种提示，提醒你人格里的某种恐惧正在蠢蠢欲动，而且等着你来对它下战帖。换句话说，情绪痛苦的目的是帮助你获得灵性成长，它将你的注意力转向你需要疗愈的人格部分，让你得以接触并发挥全部的潜能。

多官人在需要时并不会拒绝医疗与药物的帮助，就像身体受伤的人不会拒绝急救所提供的帮助，但是他们不会期待药物或医疗为他们创造一个拥有真实力量的生命。最终，这把火炬必须传递出去，从依赖外在环境创造快乐，传递至依赖情绪觉察、负责任的选择、直觉与对宇宙的信任来创造喜悦。①

　　五官人无法察觉到自己的痛苦情绪，其实与自己渴望重新安排外在境况有关。他们会这么想："我愿意做任何事来解除痛苦。"但是他们不愿意考虑个中原因，其实存在于他们内在的这一可能性。他们会这么解释："我觉得痛苦，是因为我无法得到自己想要的东西。"譬如唤不回离婚配偶、无法让已逝的亲人死而复生、失败的事业无法挽回等。但是他们不会从自己的痛苦经验中学习，以为如果他们突然获得自己所失去的东西，例如离婚的配偶回头了、亲人没有死、摇摇欲坠的事业成功了，他们的痛苦就会消失无踪。如果他们仔细检视，就会看见是"想要这个世界不一样"造成了他们的痛苦。

　　五官人会试图通过重新安排世间的事物，暂时避开无力感之苦。他们会同情、同理、安慰并且帮助朋友去改变那看似造成他们情绪痛苦的外在环境，他们也会期待当自己需要时亦能获得同样的帮助。他们追求的是外在力量。而创造真实力量的多官人会治愈、根除无力感之苦，他们会改变、疗愈人格里的恐惧，并培养慈爱。他们会活用"灵性伴侣关系指南"。以下是一些例子，说明朋友给予彼此的支持与灵性伴侣给予彼此的支持，有何不同。请留意你通常给予伙伴哪一种支持。

情况1　失业

一位主管被裁员了，工作很难找，他的家人都依赖他生活。他的遣散费没有着落，失业保险也快要过期。虽然他已经投递履历表到多家公司应征，却依然找不到工作。他从未失业过，也无法想象这种事竟会发生在自己身上。

朋友（主管／同事）：你可以找到工作的，往那些失业率低的行业找找看。看看那些创业投资者在哪些地方投注资金，例如能源、生物科技、绿色产业等领域，然后从哪里着手。你可以规划一趟包含几个城市的旅行，每个城市造访四五家公司，然后毛遂自荐。别通过人力资源部门。每次只要有人够勇敢、不请自来地出现在我办公室时，我总是会听听他们想说些什么。有需要就打电话给我。如果你有一些想法想讨论，欢迎随时找我。

灵性伴侣：你觉得怎么样？你有什么样的身体感觉？你认为这些是你人格里某个慈爱部分的感觉，还是恐惧部分的感觉？你在其他情况下，是否有过同样的感受？你现在有什么样的念头？你认为这些是你人格里某个慈爱部分的念头，还是恐惧的念头？你是否曾在生命里的其他时刻，注意到自己也有类似的念头呢？你和我说话时，抱持着什么样的意图，例如为了抱怨、合理化、发泄怒气或挫折感、评断他人、批评制度体系，或是挑战你人格里的恐惧？这个意图属于你人格里的慈爱还是恐惧？这是一个让你挑战恐惧的好机会，那些恐惧非常痛苦，而且早在你获得第一份工作前就已经存在了。你想要治愈它们吗？

你人格里的恐惧正在蠢蠢欲动，而这个情况正好给你一个机会去体验、挑战并且治愈它们。如果你不这么做，它们就会再次变得活跃，你也会再度获得一个机会，但是何不现在就向它们下战帖呢？你越是挑战那些恐惧，你在找新工作或其他各方面就会更有效率，而且内在将变得更满足。

我会协助你找工作，但是这个机会比找工作更重要。

情况 2　婚姻触礁

一位专业人士得知自己的老婆要跟他离婚。他们共同养育了两个孩子，彼此的关系虽一向有些紧张，但他从没料到会如此。他夜不成眠，工作受到影响，人也饱受煎熬。他打电话给一个朋友。

朋友：我们约在酒吧见面，边喝边聊吧……（在酒吧）我要一杯威士忌。你要喝什么？我知道这很难受，但又不是世界末日。我的第一任老婆离开我的时候，我以为自己会死掉，但后来证明那样是最好的。对孩子来说并不好过，但他们会适应的。我们都有适应能力……（再来两杯）……在公司的时间很难熬，但我还是挺过来了。当你需要的时候，大家都会支持你。你是个很好的人，相貌堂堂、认真工作、事业成功。任何女人都会想和你在一起，只要敞开心胸接受新的可能性……（我们还要再续杯）……你有没有注意到我的秘书最近一直在打量你？我知道她想认识你。她是个很棒的人，长得很美又单身。我可以跟她说要找大家聚一聚，就你、我、她，还有我老婆。你觉得怎么样？……（再来一杯）

灵性伴侣：我们约在餐厅见面……（在餐厅）发生什么事了？你现在胸部有什么感受？你的生命里曾出现过同样的感受吗？那是因为这不是来自你老婆的决定，而是来自你人格里的某个部分，并且早在你遇见你老婆之前就已经存在了。如果你不治愈它，它会再度发生，无论你再找多少女人或跟多少女人结婚都一样。你有什么样的念头呢？你是否曾有过类似的念头？这些也是你人格里这部分的经验。你现在说话的意图是什么？（为了抱怨、为了获得救赎，或是利用这次经验以健康的方式成长？）

如果你可以利用这次的经验疗愈痛苦的内在根源，为何要白白浪费呢？这份痛苦是来自你人格里的恐惧，你无法借以怪罪老婆、怪罪自己或怜悯自己而治愈痛苦；你也无法通过酒精、性、食物、工作、运动或任何事情让自己分心而治愈痛苦。反之，你可以尽可能充分体验这些人格的痛苦部分，然后在体验的同时，刻意选择一个有别于痛苦原本会选择的意图，去做一些它们不会做的、有建设性的事。你越是能在感受到痛苦的时候去挑战它们，它们就越没有能力扰乱你的生活。

情况 3 被忽略

一个 4 岁小女孩（我们的孙女），兴冲冲地第一次骑上一部没有辅助轮的脚踏车。"看看我！"她兴奋地对投以仰慕眼神的父亲、祖母（琳达）和我大叫。6 岁的姐姐自己缩在一块草地上，动也不动地坐着，瞪着自己的双脚看。

朋友（没有运用"灵性伴侣关系指南"的祖母）：怎么了，小宝贝？

女孩：所有人都只注意我妹妹。

朋友：别担心，爹地非常爱你，他只是在帮你妹妹加油打气啊！而且你的脚踏车比妹妹的还漂亮，你知道吧，对不对？你要不要来一个冰激凌，就你跟我两个人去吃？我知道一个很特别的地方哦，打赌你一定没去过！

灵性伴侣（琳达）：怎么了，小宝贝？

女孩：所有人都只注意我妹妹。

灵性伴侣：那种感觉很糟，对吧？你有什么样的感觉呢？你有没有注意到胸部有什么感觉？有没有注意到胃部有什么感受？那种感觉很不好受，对吗？你想不想一直感觉到那些东西呢？你可以留在这里，继续感觉这些东西，或者，你也可以做一点小实验。你可以走到妹妹那里，跟她说恭喜，因为她会骑没有辅助轮的脚踏车了！你想不想这么做呢？

女孩：恭喜。你真的很棒。（妹妹眉开眼笑）

灵性伴侣：你现在觉得怎么样？

女孩：我觉得好些了！这真的有用！

灵性伴侣：下次当你觉得难受时，可以自己实验看看。

你身边有无数个朋友支持朋友的例子，但是有多少个灵性伴侣支持灵性伴侣的范例呢？你想要看见多少这样的例子呢？无论你在何处、在做什么事，你都可以利用“灵性伴侣关系指南”，为你的朋友与灵性伴侣创造这样的例子。任何时刻都是适当的时间，可以去承诺获得灵性成长、鼓起勇气体验你的感受、对自己与他人生起慈悲心、进行有意识的沟通与行为、正心诚意、保有情绪觉察力、做出负责任的选择、运用直觉、信任宇宙等。若是缺少了这些，你的互动将会带着你往水平方向继续移动（境况改变了，但你没变），你也会继续以人格里的同一种恐惧创造出同样的体验。而当上述这些存在的时候，你走的是垂直路线（你自己的改变），你的恐惧所创造的破坏性结果将会越来越少，建设性结果则会越来越丰硕。

灵魂疗愈摘要 6
什么是运用"灵性伴侣关系指南"的最佳做法？

你可以这么做

"灵性伴侣关系指南"帮助你在每一种情况下，创造真实力量与灵性伴侣关系。

承诺、勇气、慈悲，以及有意识的沟通与行动，是创造真实力量与灵性伴侣关系的必要条件。

这份指南能帮助你按部就班地发展当中的每一项。

要创造灵性伴侣关系，先要创造真实力量。

当你遵循指南的引导，无论别人做些什么，你都能创造真实力量。

这份指南不断地在进化。

创造真实力量能让你参与"灵性伴侣关系指南"的进化过程。

你必须确实遵循这份指南，而非只是谈论或思考它，如此才能创造真实力量与灵性伴侣关系。

你可以和任何承诺变得更有觉知、更负责任、更健康的人，创造灵性伴侣关系，以此减少他生命中的恐惧，增加他生命中的爱。种族、宗教、文化、性别、国籍与经济状况都不会构成任何障碍。你人格里的恐惧才是真正的阻碍，而当你挑战并且疗愈它们，它们对你的影响就会越来越小。

　　没有任何清单能长到足以包括所有你能共同创造真实力量的参与者，但是在下一个单元，我将列举一些在我们的互动里最常见、最重要的族群。你能想到更多其他人吗？请将他们包括在内。

————————————

① 从依赖外在环境来获得价值感与安全感，转移至创造真实力量也能治疗上瘾症，因为上瘾是人格里最强烈的恐惧。《新灵魂观》一书能带领你一步步地经历这个过程。它以性上瘾作为例子，但是创造真实力量能治疗所有类型的上瘾症。

Part 4

谁是建立"伴侣关系"的对象？

28 家人：家庭是你在地球学校的"固定教室"

家人间的连结是强大且持久的

没有任何关系比亲子关系能为你带来更多灵性成长的可能性。那是最强烈、影响最深远的一种关系，也是最实际、冲击力道最大的连结。它远比五官知觉所认知的更复杂、更深刻，力量更强大。

父母的灵魂与子女的灵魂间的互动，在诞生前就已经开始了，而且将一直持续到死亡之后。举例而言，当一个孩子的灵魂比父母的灵魂更早离开地球学校（譬如孩子在分娩过程中死亡，或意外死亡，或从军战死），他们之间的影响仍将继续存在。

无论你的家庭经验是温柔的或粗暴的，你和父母与兄弟姐妹（如果有的话）之间的互动，都能为所有参与其中的人发挥疗愈作用。某个家庭里的母亲或许非常强势（恐惧的），另一个家庭里的母亲则是柔顺而服从（恐惧的）；某个家庭里的父亲或许只能通过成为家中的经济支柱来表达爱（恐惧的），另一个家庭里的父亲则是个虐待家人的酒鬼（恐惧的）。没有一个家庭是毫无痛苦的，因为没有任何家庭成员的人格里毫无恐惧。

　　父母对子女的影响、子女对父母的影响，以及双方之间的爱，再怎么强调都不为过。那份爱是一种黏着剂，将灵魂带进一个家庭里，并在人格参与其中之前即已存在，更将持续至他们离开地球学校之后。即使某些家庭里的父亲或母亲冷酷无情、情感疏离（恐惧的），他或她的离开不但不令人悲伤难舍，反而让人松口气，但是一种希望关系能够持续的渴望依然存在。这不仅仅是因为依赖性（恐惧），这是一种将每个家庭成员连结在一起、遍布在每个人经验里的爱的经验，无论它们多么痛苦或残忍皆然。

　　当一个孩子被收养，即使是一出生就如此，他也会进入另一种有助于获得灵性成长的家庭动能当中；然而，他原生家庭的影响力将会持续对他发生作用，他自己也会感觉到这一点。亲生父母永远不会忘记那个被领养的孩子，尽管他们可能相信自己已经忘记了。孩子和父母之间的连结是打不破、拆不散的，其中一方终将开始忆起对方。"他会想起我吗？他会想再见到我吗？他会是个教授，还是家庭主妇呢？他会沉迷于药物吗？（哦，我希望不会）我女儿长什么样子？我母亲是个什么样的人呢？（我想我知道！）"无论父母与子女分开了多久，这些都是会在父母与子女心中一再浮现的念头。这些经验反映的是他们彼此之间坚不可摧的联系，即使新的境况陆续呈现、新的家人加入，这种联系也会持续下去，而且会与新的家庭经验交织融合。

父母与子女会深刻、长久地彼此影响

在我大学的最后一年，和我交往的一个女孩子怀孕了。我们感到既迷惘又害怕，因为我们俩都知道我们没有能力养育孩子。我们的女儿在我入伍时出生了，一出生就被领养。有几年的时间，我并未想到她。事实上，我后来发现自己应征入伍的原因，竟然是为了逃避我最恐惧的事。终于，我开始想着她在哪里、她在做什么、她是否一切安好、是否快乐。有长达好几年的时间，我不断问着自己这些问题。"我女儿今年13岁了。"我会这么想。"我女儿今年15岁了。""今年她23岁了。""她现在在做什么呢？""她快乐吗？"当《物理之舞》一书出版时，我幻想着她会认出我的名字，然后和我联络。又好几年过去了，我找到了她的生母，她也没有我们女儿的消息，只知道她出生的医院名称。当时，刻意隔离亲生父母与受领养孩子的法条非常普遍。最后，我找到一种专门协助亲生父母与孩子重逢的人，我给了对方仅有的一点点数据。几个月后，她打电话给我，告诉我，她找到了我的女儿。

我整个人僵住了，无法呼吸。我说不出话来，一股恐惧占领了我全身。我竟然对这个盼望了这么久的消息，感到惧怕不已。我写下了她告诉我的地址与电话号码，并向她道谢，然后在书桌前无法动弹。我以为自己会激动兴奋，但我却吓坏了。

我没有办法拿起话筒。有好几个星期的时间，我一再看着手中的数字，想着自己到底该怎么办。我该打这通电话吗？万一她不想见我呢？万一她生气呢？怎么可能不生气？最糟糕的是，万一她根本不想跟我说话呢？万一我永远不会知道我的女儿是否快乐、她是否受到善待、她是否结婚了呢？以下的念头突然让我心头一震——万一她有孩子了呢？回想起来，过去我若没想过这件事似乎是不可能的，但是我女儿可能已经有孩子的可能性，还是顿时让我的心充斥着一股奇妙的感受，接踵而来的是我可能无缘见到他们的恐惧感。

　　我花了好几个星期的时间培养勇气，才调适好心情准备打电话给她。我想象她可能会有的各种反应——大发雷霆、害怕、好奇、接受等。她会不会气愤地挂掉电话、鄙视我，还是会感到宽心呢？我终于拨出了那通电话。电话那头的她显然惊愕不已，但是立刻开始和我聊了起来，并且在接下来的时间里侃侃而谈。她告诉我她的生活与家庭概况（她有一个女儿！）。听她说话的时候，我体验到一种前所未有的喜悦感受，我的女儿似乎想要与我分享关于她的一切！无论她有什么感觉，我的心只有满满的惊奇与感恩！我们约好下次的交谈时间，然后互道再见。我呆住不动，无法思考，有一些我无法辨识或区分的情绪涌上心头，而我爱这全部的一切。它们是如此深刻且意义深长、如此丰富、如此令人欣慰。我的女儿过得很好！我的女儿过得很好！我的女儿是被爱的！

我对这些美妙的事情又哭又笑。接着，恐惧再度袭来。她会再和我说话吗？万一她改变心意呢？这每一个新的恐惧念头都让我坠入痛苦深渊，于是，我生命中最有意义的其中一段故事揭开了序幕，这是我不断想要将它排除在思绪之外、想要忽略它、仿佛它不曾发生过的一件事。它已经发生了，它一直在发生，而现在，27 年之后，我尽我所能地以最有意识的方式回到原地。它现在仍在发生，而我对宇宙、对生命、对女儿的感恩之情，年复一年地不断加深。一个像我过去这般易怒且毫不关心他人的人，竟也可以对那么久以前即已放弃而让人收养的女儿，生起如此强烈而慈爱的情绪，我至今依然对此感到惊奇不已。

我们的故事和数百万人的故事大同小异——堕胎的痛苦，数年后伴随着令人心惊胆战的强烈情绪再度浮现，或是那份痛苦从未离开，或是渴望见到被领养的孩子而备受折磨，或是为了给孩子一个家、出于恐惧而缔结了一桩漫长痛苦的婚姻。父母与子女不仅以这些冲击力道强劲的方式影响着彼此，随着我们变成了多官人，我们也会看见我们与父母和子女的所有互动，都是坚不可摧且深刻的。父母人格里的恐惧会影响我们，而我们的恐惧自然也会影响孩子。

家庭是学习创造真实力量的场所

父母对他们的孩子又爱又怕。每一个父亲都需要受到儿子的仰慕，都希望自己值得尊敬。他怀疑自己是否能做到，也害怕自己是否会做不到。每一个母亲都需要获得女儿的爱，都想要做个良善与健康的楷模。她怀疑自己是否能做到，在内在隐蔽之处（她人格里的恐惧部分）也会害怕自己做不到。每一个父母的人格恐惧部分都需要得到子女的认可。没有任何类型的关系，比你在家庭里的关系能让你受到更频繁、更深刻的挑战，能提供机会让你更频繁、更持续地创造真实力量。

家庭是你在地球学校的一个"固定教室"。你在其他教室里所习得的东西，都将和你的家庭经验有关联或相互交织。你在地球学校的这段旅程中，你与家人的互动将会塑造并渗透你的所有经验。例如，你可能会在自己身上看见父亲的脾气，他的骄傲自大、温柔或自卑感；或者看见你母亲想要控制或取悦的需要，或她的自卑感或优越感。父母亲人格里的恐惧，将会显现为你自己的一部分。例如，有一次我听见自己嘴里冒出父亲的声音，那个口吻就和父亲那令我讨厌至极的口气一模一样。我想要将它从自己身上连根拔除，却不知该怎么做。我越是害怕，口气听起来就越像我父亲。由于我当时根本不知道何谓"人格里的恐惧部分"，不懂该如何辨识它，因此也不知道要如何挑战它。我以为"我就是这样了"，以为那是我存在中无可改变的、注定要像我父亲的根本部分，就像基因与染色体注定让我遗传到他的身体特征。因此，我一直持续在自己身上听见父亲的声音，也持续痛恨着它。

孩子从父母身上遗传到的身体特征，例如微笑或笑的方式、身形、艺术或音乐能力、智力上的聪敏度等，以及他们的父母又从上一代遗传到的特征，皆是通过基因遗传。人格里的恐惧部分来自比基因、染色体或环境等更深层的根源，它们是灵魂想要通过其人格的选择而获得疗愈的面向，它们的根源不是肉体层面的。换句话说，你并非从父母身上继承了人格里的恐惧，你与父母的互动也不会创造出那些恐惧。你与它们一同进入了地球学校，是你与家人的互动激发了它们，而且现在依然持续进行中。虽然你因为家庭成员而变得暴躁、退缩、叛逆、喜欢批判、害怕，这些同样的经验将会一再折磨你，直到你疗愈了自己人格中那些制造出它们的恐惧为止。那就是真实力量的创造。

你的努力奋斗与父母的费力挣扎是环环相扣的。为了要与父母拥有充满爱意的互动，你必须培养的力量，和你为了发挥完全的潜能、贡献与生俱来的天赋所必须培养的力量，毫无二致。你可以远离家庭，但是你无法逃避自己人格里的恐惧。你可以拒绝和家人说话，但是你人格里的恐惧将会不断和你对话。你无法跳脱、躲避或避免那些恐惧的突袭。即使你的父母已经过世，或者你从未见过他们，然而，家人之间的互动都是这些经验的"原爆点"。

从五官知觉的观点来看，是随机事件将数种人格聚集在一起而成为父母，也是随机的基因与染色体组合决定了他们孩子的身体特征。从多官知觉的观点来看，"灵魂"是在特定条件形成的情况下同意成为父母，也是于投胎前在特定条件形成的情况下同意成为他们的子女，这一切动机都是为了支持彼此在地球学校获得灵性成长。换句话说，你的父母和你、你和你的子女，对彼此而言都是完美的搭档。

家庭的历史会影响其成员，而他们的互动也会影响未来的成员，这就是世代的行为的结果。以《圣经》的语言来说，父母的罪降临至孩子身上。以真实力量的词汇而言，一个人格里未获疗愈的恐惧，将会由该人格的子孙来体验，直到它们受到挑战、获得疗愈为止，如此，那便会改变世代的家族业力。诸如种族、文化、国家与家庭等群体力量也会创造业，每一种业都是能量上的传递，或说继承，正如同家族里世代相传的身体特征是一种基因上的传承。

从五官知觉的观点来看，疗愈人格里的恐惧只会治愈你自己；而从多官人格的观点，它会改变家族世代的行为的结果，你的孩子不会从你身上承继你人格里的恐惧，他们的孩子也不会。从五官知觉的观点来看，只有未来是可以改变的；但是从多官知觉的观点，家族之前的世代会在一个家族成员疗愈了其人格恐惧时，也同时获得疗愈，并可一路往前追溯至家族里该恐惧的根源。换言之，创造真实力量能影响家族的过去和未来。

　　灵魂具有许多人格，全部同时存在，且每一个人格各自有其传承。你的传承可能是黑人、白人、黄种人、褐色皮肤的人或红色皮肤的人，男人或女人，基督徒或印度教徒，法国人、澳洲人或泰国人……但是你远不仅仅是如此。我们每一个人都可以说："我曾是个男人。我曾是个女人。我曾是个母亲，也曾是个父亲。"有些人可以说："我曾是个中国人，也曾是个埃及人。"另外有些人则可以说："我曾是个生活在大草原上的战士，也曾是个奴隶。"另外一些人还可以说："我曾是个天主教教士，也曾是个凯尔特祭司。"这种扩大的知觉是超越五官能力的，但却是多官知觉的一部分。

　　五官知觉将家庭视为人格独一无二、决定性、唯一的源头，这样的观点正逐渐由多官知觉的见解所取代，亦即家庭是灵魂在许多时间与地点一再重复选择、借以帮助彼此获得灵性发展的媒介。当你在家庭里创造一份灵性伴侣关系，你便是接触到一份远远大于其表面所呈现的疗愈潜能。

29 朋友：只给你安慰剂，或真心为你好？

友谊关系不是灵性伴侣关系

朋友关系之于灵性伴侣关系，一如水生动物之于在陆地上直立行走的人类一般天差地别。在形体进化的过程中，从最简单形体过渡至最复杂形体的水中生物进化过程里，其演化顶峰是能够暂时离开海洋（两栖动物）的有机体，接着是能呼吸空气的生物上场，它们可完全适应陆地生活，在陆地上蓬勃发展。任何一个了解保存在化石里不可思议的进化历程、并拥有足够的好奇心与智力来读取这些信息的人，都不会怀疑水中生物是先于陆地生物而出现在地球上的。在水中生活与在陆地上生活的有机体是截然不同的，其共同点只能说两者皆为生命的表现。任何曾在游泳池或海里吸入过水的人都知道，只靠吸水和吐水无法满足人类进化的需要。

朋友关系与灵性伴侣关系是全然不同的，唯一的共同点是两者皆为"需要关系"的一种表现。诚如水生有机体在陆生有机体出现于地球之前，满足了生命进化的需要；朋友关系亦在多官知觉出现之前，满足了人类进化的需要。多官人不会像陆上生物在水里窒息一般，对朋友关系感到有压力；但是当多官人习惯于那份扩展的知觉，认知到自己与他人远非仅止于一副身心，而是拥有一个超乎求生存与求舒适的目标时，他们会发现，朋友关系不再能像从前那样满足他们了，有时甚至连最亲密的朋友关系也一样。

多官人不会回避朋友关系或朋友，但他们会受到那些不属于朋友关系的互动所吸引——事实上，是受到威胁朋友关系的互动所吸引。朋友关系与灵性伴侣关系皆是怀着爱接触他人、关怀他人的传达媒介，但是朋友关系的设计是为了满足五官人的需要，灵性伴侣关系的设计则是为了满足多官人的需要。五官人为了发展，需要追求外在力量并求生存；多官人为了进化，需要创造真实力量并获得灵性成长。追求外在力量对多官人来说是造成反效果的，犹如试图在水中呼吸一般，这是致命的。对五官人来说，促使人格与灵魂达成一致可以说毫无意义，犹如肺之于水中生物一般无用武之地。如果水中生物有领悟力能探问何谓"肺"，它们会问："肺是做什么用的？"然而，没有任何水中生物有能力提供答案。"灵性伴侣关系的含义是什么？"五官人会这么问，但是没有其他五官人能提供一个具经验性的、有意义的解答。

随着我们从五官人过度至多官人，新的将会与旧的重叠。朋友关系依然大量存在，灵性伴侣关系亦逐渐兴起（虽然它并非总是被认知或标识为灵性伴侣关系），两者同时并存。这可能会造成困惑，特别是当某些朋友已经觉醒，渴望获得比朋友关系更深刻的东西，而其他朋友尚未跟上脚步时，他们的友情基础将会开始动摇，立足于此的结构也会逐渐变得不稳固。最好的情况下，他们依然会继续关心彼此，但是他们之间共同的兴趣却越来越少。灵性伴侣之间也和朋友之间一样，会讨论孩子、健康、工作、教育、时尚与家庭问题等，但是他们是从一个不同的视角来探讨。他们会期待认识并探索自己，只为疗愈人格里的恐惧并培养慈爱。

外在与内在

朋友会看看自己能如何改变或修正对方，好让他人或自己感觉好过一点。他们不了解的是，只有人格里的恐惧部分（而不是人或境况）能为他们和朋友制造痛苦，以致他们会努力满足彼此人格里恐惧的需求。譬如，若有个朋友丢掉了工作，朋友们会同情或同理他的遭遇、倾听他的苦恼，给他建议，并且祝福他一切顺利。灵性伴侣支持他的方式则是让他体验自身感受、辨识自身人格里的恐惧部分并疗愈它们。他们会帮助朋友厘清自己的意图，例如，他是否为了自己的不幸怪罪老板，而非将焦点放在身体所感受到的痛苦；他们也能对朋友人格里的恐惧做出适当应对，而不是情绪化反应；他们会看见朋友的苦恼与痛苦根源，即存在他人格里的某个恐惧，然后支持朋友去疗愈它。

如果一段恋情或婚姻告吹，朋友会认同谁是坏人并同情受害者，他们会彼此分享类似的悲惨故事并从中学到教训，也会安排具有转移注意力效果的活动，好让朋友远离痛苦。灵性伴侣则会通过疗愈对方人格里的恐惧来帮助他根除痛苦。换言之，朋友将重心放在人格恐惧部分的经验（我很迷惘、无助、孤单等），灵性伴侣则是将焦点放在如何疗愈那些部分。朋友会帮助彼此改变激发他们人格里恐惧的东西，灵性伴侣关系则是帮助彼此改变被激发的那部分。

这就是追求外在力量与创造真实力量的差异。追求外在力量有赖于改变你的外在境况，创造真实力量有赖于改变你的内在动能。这些在知觉、目的与方法上的差异，让灵性伴侣的互动令朋友感到意外，有时甚至觉得讨厌；而其他灵性伴侣与潜在灵性伴侣则会觉得受到滋养、十分喜欢。举例而言，如果你的意图是想疗愈人格里为自己的痛苦经验而怪罪他人的恐惧，那些赞同你人格该部分的朋友便无法帮助你。他们反而会将自己的恐惧加进你的恐惧中——"换作我是你，我也会做同样的事。""他怎么能这样！""她显然是豁出去了。"他们无意治疗自己人格里的恐惧，当然也无法了解你想疗愈自己的意图。

朋友会努力帮忙修正情况，将错误的变成正确的。如果他们办不到，也会向你保证下一次情况会更好。境况会改变，但人格里的恐惧每一次激发时的运作方式皆如出一辙，所制造的痛苦亦是一模一样。灵性伴侣了解这个道理，但是朋友不会想到这一点。朋友尚未觉察到自己的内在经验，除非情绪上的痛苦，强力地跃上他们的表面意识。因此，他们无法帮助彼此探索自己的内在经验。相反地，他们会借由照顾、修正、建议与同情等方式来掩饰这些经验，以致他们纵然努力怀抱着爱接触他人，也会变成是一种操弄与控制。举例来说，当朋友露出微笑而非哭泣时，他们会觉得好过一些；当朋友同意而非反对时，他们会觉得好过一些；他们也会在朋友接受他们的支持而非拒绝时，觉得安心。

追求外在力量的意图受到了忽略，因为朋友并非总是对意图感兴趣。灵性伴侣则会密切注意他们的意图。朋友会帮助彼此获得成功，因为成功对他们很重要。灵性伴侣会帮助彼此疗愈人格里的恐惧并培养慈爱，因为这对他们意义非凡。朋友会承诺维持友谊，灵性伴侣则承诺获得灵性成长。朋友期待从友伴那里得到支持，并会在不如所愿时感到失望、受伤或愤怒。换言之，他们会在人格里的恐惧受到激发时，努力改变彼此；灵性伴侣则会在恐惧受到激发时，意图疗愈它们。可以说，朋友将力量视为一种操弄与控制外在境况的本事，灵性伴侣则将它视为改变内在境况的能力。

朋友会努力停留在自己的舒适圈里，避免去体验自己人格里的恐惧。譬如说，如果你人格里某个喜欢延宕耽搁的恐惧，会在他人提起你的这种习性时勃然大怒，你的朋友很快便会学到千万不要对你提起此事。如果你一想起过世的母亲就显得郁闷、忧伤，你的朋友便不会和你谈论她，或是他们会对你抱以同情。如果你挣扎着和酒精、暴食、尼古丁或购物等对抗，你的朋友不会问你为何对这些东西如此难以抗拒。事实上，他们会和你一起投入那些事，并且在他人问起时强力地捍卫你和他们自己。他们的目标不是挖掘出自身失控行为底下的痛苦动能，相反地，他们的目的是要让那些动能好好地埋藏在众多令人分心的、执迷的、强迫性的、上瘾的经验与行为底下。

朋友与其他每一个人为了停留在舒适区而必须付出的代价就是毫无节制的、失控的、在生活中无预警爆发的破坏性行为，例如，口出恶言、举止粗暴、做出怨恨或嫉妒的行为、权力斗争等。有些人就是无法停止喝酒、抽烟或自慰，有些人会失控地疯狂血拼，有些人需要强势地掌控周围的人，有些人则必须取悦身边的人。有些人觉得自卑，有些人觉得优越，有些人需要成为中心焦点，有些人则会在情绪上退缩。与配偶和孩子的争执屡见不鲜，朋友变成了过去式，闲言闲语，有时则是生起报复心……转眼之间，从吸引到排斥、从"爱"到鄙视的现象，可能瞬间发生。有时候，多年老友突然不再和对方说话，甚至亲子之间、兄弟姐妹之间也会交恶。

灵性伴侣会走出他们的舒适圈。他们不寻求人格恐惧部分为了安全感与价值感的需要而短暂获得的安适与安乐，他们追寻的是毫无保留的爱的喜悦。在舒适之外，是人格恐惧部分痛苦的身体觉受，但是那亦存在着一种能力，让你能够以人格慈爱的至福经验取而代之。对舒适的执着就是逃避不舒服的感觉，它会封闭你的心、阻碍你的心灵，将那个执着的人与同样害怕不舒服经验的人捆绑在一起。恐惧会为你制造一种需要，让你和避免探索人格恐惧的人在一起。恐惧制造了破坏性行为与结果，同时也会阻碍你探索其根源。朋友关系的设计并非意在支持彼此探索并疗愈自身人格里的恐惧，那样的目标并非五官人发展的一部分。

灵性伴侣关系则完全是为了那样的目标而设计。他们的目的是支持个人间平等的关系，通过有意识的互动，创造真实力量。灵性伴侣关系的必要条件是承诺、勇气、慈悲、有意识的沟通与行动。灵性伴侣关怀着彼此，他们之间的连结和朋友之间的联系同样深刻，但却达成了一个意味深长的不同目标——通过灵性成长而非求生存而获得进化，创造真实力量而非外在力量。

将朋友提升至灵性伴侣的关键

将朋友关系蜕变为灵性伴侣关系并不需要改变他人（那是追求外在力量），需要改变的是你。要为灵性伴侣关系创造潜能，一切所需就是承诺全心投入真实力量的创造，以及遵循"灵性伴侣关系指南"。这份指南会告诉你如何改变你自己，而不是试图改变别人。当你的意图是从与人们的互动中认识自己，去留意自己的情绪、念头与意图，如此一来，别人在做什么又有何影响？当你的意图是时时刻刻怀抱着真诚，别人的意图又有何影响？当你意图为自己的经验负起责任而非怪罪他人，别人的责备埋怨又有什么关系？当你能够适当应对人格里的恐惧而不做出情绪化反应，你将会吸引做同样一件事的人。花儿绽放的时候，蜜蜂自然会飞来。

灵性伴侣关系是自然而然成长的，一如种子自然而然会萌芽。创造真实力量能将种子种下。你无法通过劝导、游说或说服他人改变信仰而让一个人成为灵性伴侣，但是你可以创造真实力量，在过程中形塑它，那么，"吸引力法则"将会在你身上运作。

创造灵性伴侣关系的必要条件是，愿意反复尝试与过去习惯不同的说话或行动方式。不是所有的朋友都有兴趣为他们的经验负起责任，都会适时说出难以启齿的话、觉察到自己的内在经验、有意识地选择他们的意图、愿意让自己变得脆弱易受伤，并且和你一起通过他们的经验获得灵性成长。你会发现，你与这些人的关系会变得越来越无趣，但也有另一些人会响应你，他们感兴趣的是让你的朋友关系变得更坚定、更有意义，那些人正是潜在的灵性伴侣。

创造一段灵性伴侣关系犹如寻找一个"朋友"那般自然，只是这个朋友感兴趣的是朝正面的方向改变他自己，而非让别人为自己的无法改变负责；他是为自己的经验负责，而非怪罪父母、同侪、老板或工作量太大，并且能够贡献自己与生俱来的天赋。对自我探索与自我认识的承诺、有意识与负责任的创造、遵从直觉、在日常互动的私密环境里尝试、试验各种宇宙法则等做法，都能创造出一种崭新的、更具意义的、超越朋友能给予彼此的关系形态，也就是一种为了灵性成长而形成的平等伙伴关系。

你不会试图安抚或劝慰这个新形态的"朋友"，他也不想要你这么做。一个灵性伴侣不会想要让他人格里的恐惧部分获得安抚，特别是当他已经表现出情绪化反应时，因为那是他最想要去体验和挑战它们的时候，例如当他置身权力斗争时，因为觉得他人粗鲁无礼、嫉妒或觉得沮丧而发怒时……有一位参加我们三年课程的学员，在一场活动的某个集会开始前，得知自己的兄弟自杀的消息。当时她全身颤抖，站在会议室门口等候琳达进门。她不想要别人安慰她、同情她、鼓舞她或给她建议，她想要的是一个能够了解她的痛苦与需求根源、了解她不需要被修正的灵性伴侣。她想要全然地体验自己人格里的恐惧，如此才能挑战并疗愈它。琳达将她拥进臂弯里，然后她们静静地站在那里，让她好好感受她的情绪，并接受琳达与周遭灵性伴侣所提供的支持。

灵性伴侣温柔、关怀他人、直接且开放，他们对彼此的爱，足以让他们勇敢面对彼此人格恐惧部分的情绪化反应，只为了创造真实力量，并支持彼此也一起这么做。在没有受到任何恐惧压抑时，他们的欢笑与泪水会自然而然地轻易流露。你越是能够去体验并挑战你的情绪化反应，全心感受它们的痛苦与力量，便越能够支持你的灵性伴侣创造真实力量，并且接受他们对你的扶持，你也将能够以慈悲心待人，无论对方是否是朋友、仁慈或是残忍，无论他们是在创造真实力量或仍在追求外在力量。

30 同事：一周五天挑战你人格里的恐惧面向

为了追求安全感与价值感所进行的控制与操弄

商业机构，它们皆是一种高度组织化、精心协调、高效率的外在权力追求。商业的成功有赖于不断扩张的市场占有率，以及投资者无止境增加的利润。

没有任何企业所追求的目标比净收入更大，诸如"进步是我们最重要的产品"与"一同努力打造绿世界"等口号，与精益求精制造最大利润的目标，其实是脱节的。"利润是我们最重要的产品"才是每一个企业的颂歌，包括汽车、电信、钢铁、软件业等产业，只不过除了银行之外，没有任何公司敢如此公开宣称罢了。响亮的口号与商业组织所制造的环境污染、森林破坏、乡镇毒害、山林毁损、大气污染、物种灭绝等之间的脱节，是肇因于外在力量的追求。企业犹如能随时变换颜色融入环境的变色龙，变成"小区导向"的，而非"环境友善""有效节能"。企业意图投射出一个具有社会敏感性与善尽社会责任的现代形象，以粉饰所有企业运作那个最终、唯一、不容妥协的目标——让股东获利与经营者利润最大化。

商业活动的衡量标准称为"经济"，但没人真正见过何谓"经济"。有所谓的当地、国家、国际与全球经济，所有这些都尚未在照片上呈现过。它们的规模不同（人们所测量到的商业活动），但本质其实一样。"经济"若没有商业活动（企业）就无法存在，因此它们反映的是其所衡量的企业。一个国家所创造出来的商品与服务总价值，衡量的是该国家的所有商业活动。由于许多商业机构都在各大洲的不同国家，通过不同的子公司与事业体来做生意。为了将利益与分红最大化并降低应付税额，自20世纪以来，全球经济俨然变得更为重要了。今天，全球经济至关重要，因为它影响着每一个地方的企业，纵使不是国际企业、大公司或大规模的单位，也都会因经济状况所牵动。

经济状况是将商业活动粗略画出的一幅画作。虽然在经济体中，有些企业会成长、有些会失败，但经济状况却无法描述这些事情，它只能显示一个包含了所有活动的大致情况，包括大大小小的活动、成功（获利的）与失败的活动。当经济成长时（商品与服务的价值增加），它被视为好事，因为有更多企业获利、更多红利发出、股东的投资获得更多回报；而经济未成长或衰退的时候则恰恰相反，那即被视为坏事。因此，有越多的企业参与制造与销售，经济就越会蓬勃发展。

经济并未将商业活动产生的影响纳入考虑，例如，年轻人、老年人、经营事业的小区、员工的福祉、怀孕妇女的照护或年轻人的教育等，也未将它们对环境所造成的影响、生活质量、健康、全球气候暖化、地球的健康、人道，以及其他生命体纳入考虑。它所衡量的只有货币价值（钱），所反映的是制造五官知觉事业导向的外在力量追求。

这是一种反映：当某样东西（例如，苹果）不容易取得（供应），却有许多人想要它（需求），价格就会提高，反之亦然。每一种经济所假设的是，每个参与商业活动的人都怀着同样的意图，即不惜一切代价（牺牲他人）获取自己的最大利益（利润）。这些假设并不是由经济体所设定的，因为经济体并非真实的东西。经济体是由研究经济的人创造出来的，他们正确地描述了五官人为了让自己获得安全感与价值感，所持续追求的对环境的操弄与控制，以及无止境的利用。

简言之，商业机构（事业）是在追求外在力量，包藏在一个设定为追求外在力量的统计实体（经济）当中。并不是说商业活动里的每一个人都以自己的利益为出发点，但是所有的"商业组织"皆是如此。

在工作场所、办公室、商店、田野等，人们皆投入了一个五官知觉导向的活动，这反映的也是通过追求外在力量而进化的五官物种。将力量视为操弄与控制能力这一认知，如今已然造成了反效果，但是构筑于其上的商业机构与反映着它的经济，至今依然存在。就像一部汽油耗尽的车子，依然在高速公路上滑行。有时候当车子已经没有燃料了，但其移动速度却很快时，就会滑行很长一段距离。商业机构与描绘其活动的经济已经将燃料消耗殆尽，没有更多能源可用了，将来也不会再有。这一切全是对外在力量的追求，而外在力量如今已经阻碍了我们的进化。

选择不被环境和人掌控

无论你的老板有多么善解人意、同事有多么气味相投、公司所提供的产品或服务多么具有建设性，企业本身就是一种外在力量的追求，而参与其中的五官人亦能满足于这种有毒的外在力量追求。无论员工是否获得利益，每一间公司最重要的事就是净收入，而且所有可得的智慧、创造力与资源，皆持续导向最大限度增加获利与分红的方法。无论员工是否投资了公司股票或是否有资格分得红利，无论他们是高阶执行长、管理阶层、职员或清洁工，无论该企业的顾客是个人或公司，这都会发生。服务质量与产品的精良若除去"增加公司净收入"这一前提，便显得毫无意义。若缺少了这项前提，员工对企业而言亦是毫无价值的。

这就是同事们进行互动的背景环境。这些描述看似是一种在令人震惊的程度上与我们自己脱节的状态，一种陌生意识状态的怪异描述，但事情真是如此吗？我们对着眼前与周遭的巨大怪兽感到晕头转向，纳闷着自己与它的关系究竟是什么。如同电影院里的观众，观看着一部意料之外的电影，我们会感到惊讶、困惑、莫名所以。我们为自己的扫兴经验而怪罪电影里的演员，却不知道该如何离开电影院。我们责怪制作人、导演、编剧，然后埋怨摄影师、化妆师、片场的摄影灯光工作人员等。然而，电影依旧继续上演，我们也依旧融入其中，丝毫没有自己身在何处的念头（在电影院里）。

这些情况重复发生：同事之间的闲言闲语、结合盟友对付共同的威胁来源、精心筹划晋升之路、受到顶头上司的压迫、害怕失去工作等。有些人格恐惧部分的行为会受到奖赏，例如，工作狂、完美主义（所谓"注重细节"）；有些则会受到惩罚，例如拖拖拉拉。一项产品推出了，公关活动展开，股东提出更多要求，执行主管努力达到要求，企业里每一个人的安全保证皆取决于产品的成败。

工作场合可比拟为电影院，雇主可比拟为制作人，管理阶层可比拟为导演，主管就像摄影师，同事们就像演员。你可比拟为一个观看者，完全沉浸在电影情节当中。然而，你所扮演的角色并非如表面看来那般被动。你的意图会显现在大银幕上。当你全神贯注于电影的时候，你不会注意到它；但是如果你将焦点放在你内在的动能，亦即你人格里的恐惧与慈爱，它就变得无可否认了。

你人格里的恐惧努力要以最少获得最多，例如以最低价格购买。以最少获得最多（以最少支出获取最大利益），是电影构成的一部分。你人格里的恐惧在寻求着优势。创造优势（例如，以策略胜过竞争对手）是这部电影的中心要素。你人格里的恐惧面向会害怕拥有得不够多，而害怕不足（例如，市场占有率不够高）就是这部电影的主轴。一旦你认出人格里恐惧部分的意图，就无可避免地能在银幕上认出它。

吓人的电影，并不是由道德扭曲的人在你之外创造出来、在你之外获利、在你之外剥削、在你之外通过外在力量的追求以获得价值感与安全感，电影反映的是你自己人格里恐惧的意图。他们是在为其他看似在创造并维系这一破坏性体制的人格恐惧添加燃料，但是那些个体与你并非独立分开的，他们是你的代理创造人。

这部牢牢抓住你注意力的电影（工作场所），是追求外在力量的经验缩影，它在全球各地通过国际企业活动、在地方通过邻里商业活动、在你自身通过恐惧所制造的痛苦经验呈现出来。它在银幕上呈现的，是通过求生存而发展的五官人之需要与行为。通过获得灵性成长而进化的多官人之需求与行为，需要的是一部不同的电影（工作场所类型），而你若创造真实力量就能够创造它。

老电影会激发你内心的情绪，但是每一次你若适当应对而非表现出情绪化反应，你就可以改变它。无论你是获得升迁、遭到降职、被资遣、获发红利，或是被告知在家休息一天（无薪假），你都能通过有意识而非无意识地选择自己的言语和行动而改变。电影也是如此。你的老板和同事可能注意到、也可能没注意到你的这种转变，但是你自己心知肚明。电影逐渐丧失了对你的掌控力，你变得可以在其中尝试、试验。

改变电影不需要去改变他人（例如，你的雇主、上司、同事或者股东——如果有的话），需要改变的是你。你必须利用"灵性伴侣关系指南"来改变自己，而你对自己所做的转变，将能够使整部电影改观。你和同事的经验会改变，每一次，当你挑战人格里的某个恐惧或培养某个慈爱，你就是对集体意识做出不同的贡献，整部电影也会因此而面目一新。

譬如，如果有同事开始闲言碎语、说长道短，你不加入他们的行列，反而运用"灵性伴侣关系指南"来处理，电影情节便会因此而转变。当一个苛刻的雇主或怀恨在心的同事触发了你人格里的某种恐惧，而你能够挑战它而非放纵它，电影剧情也会重写。当你能将雇主或同事视为一个有时某个人格恐惧会受到激发的灵魂，而选择不去评断他时，电影便会出现不同变化。每一次你祈求疗愈的到来，即带着情绪觉察来应对，并且做出负责任的抉择，无视某个恐惧要求你做出相反的选择，电影当然会变得更加有吸引力。

五官人无法看见这些改变，因为他们只能看见各种境况与其他的个体。多官人每一次都能从一个选择当中获得力量，而不是失去力量。每一次，当他们在生命中取得过去未曾有过的自主权时，都能看见电影的改变。他们不会在集体意识的恐惧下崩溃，反而会利用它来挑战自己的恐惧经验，以此创造真实力量。他们会通过自己的意识来转化集体意识。当集体的恐惧看似不容置疑时，他们会挑战自己人格里的恐惧面向。他们能在每一次创造和谐而不争吵、分享而不私藏、合作而不竞争，以及敬重生命而不剥削生命时，改变那部电影的剧情。

一个五官人会将立基于恐惧的商业本质，视为人类经验里无可改变的一部分；多官人则能够认出它是自身内在动能的真实反映。多官人知道，若不改变自己，就无法改变其他任何事，而改变自己的内在动能是自己的责任。他对自己的工作经验抱持欢迎开放的态度，包括难受的经验在内。他能将那些经验视为创造真实力量与灵性伴侣关系的机会，然后投入商业的转化过程，即从一个满足人格恐惧需求的集体动能，转化至一种将灵魂价值引进地球学校的动能。

31 伴侣：激发你最大灵性成长潜能的人

以灵性成长为目的的新伙伴关系

拥有伴侣关系的个人，将随着旧式五官知觉关系转移至新式多官知觉关系，而产生剧烈的改变。他们作为人类子嗣源泉的重要性也将被取代，转而成为创造真实力量的亲密媒介。孩子的诞生将丰富此一动能，但也增添了它的复杂性，例如，五官人父母对五官人子女的责任，并不包括子女的灵性发展。从五官知觉的观点来看，养育并保护孩子已足以满足人类进化的需求，因为它能增加人类数量，也可确保年老的父母能获得健壮一代的照护。五官人父母将自己视为"人格"，而将孩子视为自己尚未发展的缩小版。

多官人父母将自己与孩子视为灵魂，同时亦是人格。他们将灵性发展视为人格与灵魂的和谐一致。让孩子接触宗教环境并不需要父母这方面的蜕变，但是创造真实力量并支持孩子创造真实力量却需要。

当五官人之间产生联系，他们会将这段关系视为生育孩子的媒介。他们会从父母与同侪那里感受到压力，进而让自己成为父母。而当多官人彼此产生连结，他们会自己决定彼此的关系将发挥什么样的功能（灵性伴侣会选择自己的角色），而他们所选择的角色不一定包括了父亲与母亲。两人之间所创造的灵性伴侣关系，其目的是获得灵性成长，无论他们在这段共享的旅程当中是否包括了为人父母的角色。他们彼此之间和孩子之间（如果有）的伙伴关系，和五官人是不同的，因为五官人的目标是求生存与舒适。

五官人伴侣只要拥有温暖的家园、获得安全与舒适就心满意足了，一如他们的祖先在一次成功的狩猎之后，围绕在一道火焰周围，红光焕发的脸庞流露出满足的神情。至于追求真实力量的多官人伴侣，则会因为挑战了人格里阻碍自己分享爱与发挥天赋的恐惧而感到知足。安全与舒适，是彼此结合的五官人伴侣生来就要给予彼此和孩子的礼物，真实力量则是多官人生来要给予自己和生命的赠礼。这两种礼物都需要承诺与勇气，但是创造真实力量远比求生存更加复杂。

一个五官人女性会寻找一位能够保护并供养她和孩子的伴侣，这就是旧式男性的角色。一个五官人男性会寻找一位能够生育、抚养孩子的伴侣，这就是旧式女性的角色。这些五官人角色皆是由文化与生存的必要条件所决定的。一个追求真实力量的多官人女性可以供养自己，她在身体与社会上都拥有足够的能力，也能在自己的伙伴关系中选择自己的角色。如果她选择生孩子，她也不需要一个伴侣来保护和养育她及孩子，因为她是一个新女性。一个追求真实力量的多官人男性拥有情绪觉察力与敏锐度，并且关怀幼者、老者与弱者，他不需要一个伴侣为他的生命带来温暖与爱，他本身就是温暖的、慈爱的，这是一个新男性。

旧男性与旧女性通过婚姻而结合，新男性与新女性则通过灵性伴侣关系而产生连结。由于灵性伴侣关系对人类来说是全新的体验，尚未成为文化习俗的一部分，许多新女性与新男性仍会结婚，以表达他们对彼此的爱，以及对共同获得灵性成长所做的承诺。他们参与了从婚姻原型蜕变至灵性伴侣关系原型的过程。婚姻是一种为旧男性与旧女性所设计的古老结合方式，它创造了一种自然的劳务分工与互利的合作关系，以支持他们的生存与安全。为了灵性成长的目的而在平等的两人之间建立的关系，实在是个太过先进的概念，因此无法被包含在婚姻的形态里。

新男性与新女性会寻求一个能彼此分享灵性成长的经验，并在创造这经验的过程中，支持对方。如同一个航海家准备出航，迎向一个不断呼唤他的漫长且充满挑战的旅程，新女性与新男性都在寻找一个承诺获得灵性成长的旅伴，他不但有勇气为自己的经验负责，能疗愈自己人格里的恐惧，还能对自己和他人抱持着慈悲心。他们会寻求一种能够有意识而非无意识地沟通与行动的能力。简言之，他们寻找的是一个能在创造真实力量方面支持他的人，一个也能够在创造真实力量方面获得他支持的人。

从婚姻蜕变为灵性伴侣关系的旅程

新男性与新女性正逐渐于四处兴起，包括在婚姻之中。当一个置身婚姻里的旧女性成为一位新女性，旧男性也将蜕变为一位新男性，否则这段婚姻就会破裂。当妻子出现难以解释的、令丈夫无法接受的改变，将会让这位旧男性感到无可奈何，并且深感困扰。他会觉得妻子破坏了支持、照顾孩子和这个家的协议。和他结婚的旧女性会同意这些条件，但新女性会受到它们的束缚。如果旧男性能够挑战自己（挑战自己人格里的恐惧面向），让自己以更正确的观点将妻子的改变视为正面的，而非不正常的，他们的婚姻便能够蜕变为一段灵性伴侣关系。若他办不到，他就会去寻找另一个旧女性来满足他的需要。

例如，有个妻子在孩子就读小学仍需要她的照顾时，决定去攻读建筑。丈夫起初很震惊，但是之后却在妻子想要攻读建筑的明确意图里、在她对他的爱里，看见妻子全新的迷人面向。于是他的愤怒转而成为好奇心，接着演变为钦佩。妻子踏上了创造真实力量的旅程，随后伴侣也投入其中，遂成为一段互相支持的旅途。这就是灵性伴侣关系。

当一个新男性在婚姻当中浮现并成形，旧女性也将会蜕变为新女性，否则这段婚姻就会不保。旧女性会对配偶那难以解释的、令她难以接受的改变，感到震惊。她会觉得丈夫打破了支持她和孩子并照顾这个家的约定。如果她不挑战自己（挑战她人格里的恐惧面向），以一个更正确的观点将丈夫的转变视为一种灵性成长，而非不正常的行为，她便会转而去寻找另一个旧男性。

例如，我有位在大学获得终身教职的友人，离开了教学生涯及其提供的安全保障，想要成为一名作家。他妻子始终无法理解他的决定，于是他们分居了。她觉得丈夫背叛了他们之间的协议，而她希望他们的协议能获得尊重。那个旧男性的确立了协议，但是新男性拥有不同的潜能、更多的创造力，想要追求新的目标，他拥有意外的礼物可以给予。他们的婚姻原本可以进化成灵性伴侣关系，但是旧女性并不了解，或者不想要，因此拒绝改变。

当一个婚姻里的旧女性变成了新女性，婚姻里的旧男性变成了新男性，他们的婚姻就成了灵性伴侣关系，他们也参与了从婚姻原型转变为新的灵性伴侣关系这一蜕变过程。换言之，当前能够支持人类进化的唯一婚姻关系，就是那些属于灵性伴侣关系的婚姻。

灵性伴侣会因为他们选择获得灵性成长（挑战他们人格里的恐惧并培养慈爱）而在一起，而不是因为他们曾经在一起或一起养育孩子。这与那些只因为恐惧而带着不确定的态度留在婚姻里的五官人大相径庭，因为他们害怕若没有彼此就无法生存，害怕自己不值得获得爱，害怕没有力量或勇气重新开始，或者害怕受虐，害怕离开彼此之间痛苦却又熟悉的权力拔河。

持续拒绝去挑战人格里的恐惧，将导致灵性伴侣关系破裂。举例而言，如果一个灵性伴侣不断拒绝去挑战他的愤怒或观看色情影片或书刊的需求，他就不可能获得灵性成长，伙伴关系成立的理由也就不复存在了。而如果另一方的伴侣也不断拒绝挑战她暴饮暴食或爱血拼的需求，同样的情况也会发生。他们可能彼此相爱，但仅有爱并不足以将他们维系在一起。灵性伴侣的结合是为了创造真实力量，并帮助彼此创造真实力量。如果一个人一再地选择放纵自己人格里的恐惧却不去挑战它们，便没有任何的誓词能将他们维系在一起了。

拥有一份体现和谐、合作、分享与敬重生命的关系

由于每个人出现灵性进化的时间都不同，速度也不一样，多数人在一生当中都会与一个以上的灵性伴侣结合，这便为孩子们制造了一种新的环境。当前的"核心家庭"概念将孩子接受（以及预期接受）爱与支持的来源，限制在单一家庭与一组父母，但是未来将有更多空间让"扩大式家庭"来照料许多孩子，为许多孩子提供幸福的生活，并且去爱更多的孩子。每一个核心家庭都难以打入，也同样难以打破。五官人父母会将焦点放在他们的孩子身上，而将其他孩子排

除在外，这导致所有的孩子只有在自己的家庭与父母在一起时，才会将世界体验为安全的、充满关怀的。他们离开家的时候，也将这份危机感与离家等于缺乏照顾的感受随身携带，盼望能与其他人一同创造它，并将同样的经验灌输到更多孩子身上。

孩童会逃离陌生人，陌生人也不愿意对不认识的孩子或父母付出情感。危险的假设永远存在，因为对于两个父母来说，极难担保孩子的安全，但若是四个父母，难度会降低一些，而若是八个父母，难度会再下降。而当他们的孩子接触到的所有人都能将孩子视如己出，将他们当成自己的孩子那样疼爱，那么，安全实际上是有所保障的。最终，人类将合力创造出能够照顾所有孩子的适切可行的方式，为所有的孩童带来幸福，并且去爱每一个孩子。到目前为止，"人类大家庭"这一名词一直是个空洞的词汇，但它是个值得重视的词汇，因为它带来了一个希望，亦即人们可能拥有一份体现和谐、合作、分享与敬重生命的关系，而且这样的关系将由所有人共享，不受五官文化与宗教要求所束缚，并受到所有人的珍惜。

如果有父母利用孩子来满足自己人格里的恐惧，这个希望就不可能实现。例如，一个对自己孩子的体育成就"感到无比骄傲"的父亲，无法对邻居孩子的成就"感到无比骄傲"，除非他人格里的恐惧也会利用邻居孩子的成就让自己获得安全感与价值感。一个陌生人的孩子赢得金牌，能像你自己的孩子赢得金牌那样，为你带来同样的满足感吗？邻居的孩子因为完美无瑕的小提琴独奏会而获得热烈掌声，能像你自己孩子的精彩表演那样，令你感到欣慰吗？你能从中得到满足与快乐吗？

相反地，当父母的某种人格恐惧部分因无力感之苦而失控爆发，针对孩子与配偶发飙，可想而知，他们的孩子将会在一个没有安全感的世界长大成人，并带着这些经验离开家庭，因无力感之苦而对着他人发泄，包括自己的孩子与配偶，从而在更多的孩子身上制造出同样的经验。

要解决这些痛苦经验及其绵延不绝的传承，解药就是真实力量。社会政策与政府的计划都无法根除恐惧，它们会喂养恐惧、培养无力感的经验，却无法治愈它们或它们的根源。唯有创造真实力量才能办到，也唯有灵性伴侣有能力支持彼此与孩子（如果有孩子）创造真实力量。

举例而言，丈夫和妻子在处理财务上意见分歧，丈夫趋向保守，想要节约开支，妻子在支出方面则较不谨慎，于是导致了双方的冲突。丈夫会质问妻子的开销，让她觉得权力被剥夺，厌恶他连花一笔小钱都要过问。双方都觉得自己是受害者：他是她（或他）轻率消费的受害者，她则是他（或她）强迫性控制欲的受害者。随着他们的婚姻蜕变为一种灵性伴侣关系，他们会开始以更平等的眼光看待对方，能将自己恐惧与愤怒的源头，归根于人格里的恐惧，而非财务状况。丈夫看见了自己若对花钱感到气愤或恐惧，是他人格里的某个恐惧在捣鬼；而妻子看见了自己害怕受到控制，也是因为她人格里的某个恐惧在作祟。现在，他们可以好好谈一谈他们的财务状况，而不会像过去那样，每每落入痛苦情绪的交战之中，而且也能在自己人格里的恐惧受到激发时去挑战它们了。利用"灵性伴侣关系指南"来创造真实力量，改变了他们这份伙伴关系的这一面向，而他们也能够以同样的方式改变其他面向。

如何吸引潜在的灵性伴侣？

五官人伴侣是借着一种称为"恋情"的强烈无力感经验，展开了他们这趟共同的旅程。一方会在对方身上见到某些他所崇拜但他自认缺乏的特质，一种吸引力于焉形成，然后变得越来越强烈。即使这样的吸引力看似仅止于性吸引力，但其实远非如此，那是被永远摆脱无力感之苦的可能性所吸引。恋情包括了性吸引力，以及一种满意安心的幸福感。每个人都觉得自己更聪明、性感、美丽、英俊、更有价值。对方看似是这些至乐与刺激经验的来源。他们会对彼此说："你让我的生命变得完整""你让我的生命没有白活"，或"我已经寻觅你好多年了"。事实上，他们一生在寻找的是自我价值与一份安全感，而通过另一个人来找到的可能性令人雀跃不已，殊不知那其实是个错觉。

寻找救主是一种逃避无力感之苦的手段，而恋情就是一种寻找救主的经验。孤独、自觉不足、自我怀疑、自我憎恨、渴望自己值得爱与被爱、需要爱与被爱等感受，会在那个"对"的人出现时，暂时一扫而空。找到那个人就和使用酒精和药物没有两样，都无法终结这些折磨。而且那个人与这些折磨的关系，就和酒精药物与这些折磨的关系一模一样，其功能都只是暂时的麻醉剂。

没有任何救主能无尽地掩饰他人格里的恐惧，而不被他所拯救的人或他自己所看到。在每一场恋情当中，两人都扮演着获得拯救的角色。最终，愤怒、情绪上的退缩、嫉妒等，都会逐一浮现在原本看似理想的关系里。金钱或性会在恐惧来袭的时刻被用来引诱对方。期待落空，失望随之而来，幻想的裂痕越来越大，直到双方都看见彼此真正的样子，也就是双方都拥有有待疗愈的恐惧与有待培养的慈爱。

这些动能会出现在异性恋的关系里。选择爱而非恐惧、真实力量而非外在力量、喜悦而非快乐，这些都与性别无关，而是与人性有关。整个人类经验正从恐惧导向的追逐外在力量，转变为慈爱导向的创造真实力量与喜悦。

多官人伴侣会通过创造真实力量展开这段旅途，那些创造真实力量的人（运用"灵性伴侣关系指南"），会吸引那些做着同样事情的人（吸引力的宇宙法则），即使那些人从未听过"灵性伴侣关系"亦然。在他们所吸引或让自己深受吸引的人当中，不同的灵性伴侣关系会随之诞生，有些是与同事，有些是与邻居，有些是与家人，有些则是与朋友形成的关系。当两个人认出彼此就是潜在的灵性伴侣，并且选择了关系中一个适合彼此的角色，一个由两人组成的灵性伴侣关系便诞生了。当他们选择住在一起，或是为地球学校增添孩子，他们即在人类演变为多官人的过程中，组成了一种取代婚姻的灵性伴侣形态。

这种灵性伴侣关系，其目的与动能，和家人、朋友及同事形成的灵性伴侣关系之目的与动能，没有什么不同。它们全是平等的个人之间为了灵性成长而形成的伙伴关系。在每一段关系里，只要他们能一起成长、能够选择自己的角色、说出他们最担心会破坏这份关系的话，他们就会维持在一起的状态。他们为自己选择的角色，会以各种独一无二的方式定义他们的伙伴关系，并且决定他们彼此的亲密关系与对彼此的体验将呈现何种本质。

若想吸引潜在的灵性伴侣，就必须创造真实力量，此外，别无他途。外在力量的追求会吸引那些做着相同事情的人，而灵性伴侣关系在两个彼此操控与控制的人之间是不可能存在的。例如，寻找一个能让你变得"完整"、提供你安全感、性与舒适的人，将只能吸引到那些意图以同样方式利用你的人。两个以伴侣身份致力于共同创造真实力量的多官人，他们的灵性伴侣关系，与两个毕生追求外在力量的五官人伴侣所组成的婚姻关系截然不同。灵性伴侣关系会以灵性成长的目的将彼此平等的多官人结合在一起，前提是双方都致力于创造真实力量。

在这种伴侣关系里的个人，并不认为自己和对方命中注定要在一起，虽然有许多人的确认知到他们在这段关系里如鱼得水，已预先计划好要在特定条件成熟时发展了，他们不会将彼此视为生命中唯一可能的伙伴，但却是最适合疗愈束缚彼此的无力感之苦的人，也是最适合共同探索爱的深度的人。

他们会将每个人视为"灵魂伴侣"，即和他们一样是这所地球学校的同学，一个和他们一起在旅途中曾以各种不同的方式、在各种不同的时间与地点体验恐惧与爱的同行者，而现在又再度相聚在一起。他们不会问自己："这是我的灵魂伴侣吗？我怎么知道呢？"他们会提醒自己："这是我的灵魂伴侣，我该怎么和他相处呢？"

灵魂疗愈摘要 7
谁是发展"灵性伴侣关系"的重要伙伴？

"灵性伴侣关系"的参与者

- 你可以和家人、朋友、同事，以及作为伴侣的另一个人，创造灵性伴侣关系。
- 父母与子女之间的互动，为灵性成长提供了最大的可能性。
- 它们也是最困难的。
- 对灵性成长感兴趣的朋友，自然而然会成为灵性伴侣。
- 在工作场所创造真实力量与灵性伴侣关系，将促使商业产生蜕变。
- 新男性与新女性自然而然会形成灵性伴侣关系。
- 新男性与新女性之间的灵性伴侣关系正在取代旧女性与旧男性的婚姻关系。

这是灵魂疗愈摘要的最后一部分。如果这些摘要对你有帮助，而你认知到某件事对你的灵性成长很重要，例如，某个洞见开拓了你的知觉与理解，或爱消除了你的恐惧时，不妨尝试制作你自己的摘要。写下你的经验，以及它为何对你很重要。将你自己的"灵魂疗愈摘要"放在随手可得的地方，反复阅读，直到你铭记于心，不再需要这些笔记为止。

　　我希望现在妈妈（还有你）已经在创造真实力量与灵性
伴侣关系了。如果没有，请将这本书再读一遍，就从"自序"
开始。

后记

蜕变的时刻，你可以重新选择

当数十亿的多官人都能以自己的方式接触宇宙的智慧与慈悲，并通过独特的个体性与集体经验多方尝试运用它们时，会发生什么情况呢？数不胜数的不同观点与活动，如何能促进人类的进化、支持地球上的生命呢？宗教已经教导我们，利用自己对慈悲与智慧的理解互相斗智，只会造成致命的后果。事实上，我们已经丧失了慈悲与智慧本身，只剩下对它们的理解与诠释在彼此对抗，只剩下写着口号的旗帜和军队，准备进行一场永无止境的战争，对抗那些拥有不同理念、拿着不同旗帜的团体。无论旗帜上飞扬的是耶稣、克里希那、佛陀或是摩西的形象都无关紧要，在每一场事件里，鲜血——人类的鲜血，以慈悲和智慧之名血流成河。

到底是什么扭曲了智能与慈悲的信息，造成手足之间互相残杀？有智慧的地方就没有恐惧，有慈悲的地方就有爱。慈悲与智慧共同照亮了通往和谐、合作、分享、礼敬生命的道路，谁会为了和谐、合作、分享与礼敬生命而杀戮呢？绝不会是任何一个渴望它们的人。谁会为了自己对智慧与慈悲的理解而杀戮呢？那又是另外一个故事了，那正是人类的宗教史。只有恐惧能扭曲智能与慈悲的信息，让它们沦为一种毁灭其他信息与信使的理由与需求。而当该信息宣扬的是智能与慈悲，更完全凸显了其中的讽刺与虚伪。

这种讽刺存在于每一场宗教运动的核心，它对我们每一个人举起了一面警告的红旗，说着：即使是慈悲与智慧，也会被一些人用来名正言顺地追求外在力量。五官人无法辨识信息和分享此信息的意图之间有何差别，他们会以为，如果信息说的是慈悲与智慧，那么，分享它必定也是个慈悲与智慧的行为。多官人知道，事实不然。五官人高举着旗帜，每一面旗帜都在宣扬他们的信息所带来的无可超越的最高利益，然后举着旗帜上战场。他们了解力量是一种操弄与控制的能力，并且企图获得这种力量。当他们遇到有人高举不同的旗帜，宣称着自己信息的利益（有时是相同的利益），他们便会忘记自己的那些利益，转而将焦点放在如何挑战对方的信息。

传播信息成为目标，而非创造利益，而达成此一目标的手段不仅丑陋不堪，更经常造成致命后果。各种大屠杀、暴行、悲惨的混乱局面、艰苦的磨难，以及无尽的野蛮行为，都在慈悲和智慧的名义下，在五官人类的史书上，留下一回又一回、一章又一章的纪录。这部史书如今已经走到了尽头，最终章正在撰写，而我们正以集体的身份在创造它。

多官人首先会寻找意图，其次才是行动。他们知道是意图创造了结果，而不是行动。一个慈悲与智能的信息若无同样的意图，就不会为地球学校带来慈悲或智能，无论这信息传递了多少次皆然。相反地，每当有操弄与控制的意图显现在地球学校，就只会带来更多的痛苦结果。来自讲坛上的布道偏见、盲从、优越感或暴力，无论提出的人自觉有多么义正词严，都一如提出香烟是治愈肺癌的解药一样荒谬。自觉义正词严的布道是毫无效果的，自觉正义凛然的合理化解释也是毫无作用的。自觉为了正义而记录的见证是无效的。癌症依然蔓延，偏见、盲从、优越感与暴力依然无止境地扩散。

没有任何信息能改变这些事，因为它们不是由信息所制造，而是意图。无论信息是什么，分享信息的意图将决定分享所制造的结果。从五官人的观点来看，分享信息需要的是概念、画面或音乐，意图是无关紧要的。例如，纳粹科学家发明了 V2 火箭与先进的战斗机、轰炸机，这些原本能开启一个运输交通的新时代，能以惊人的方式将各地的人与文化连结在一起，最终却导致了毁灭性的伦敦大轰炸。同盟国利用自己的精巧发明痛击德军，那原本也可以用来造福全体人类，却让数千万人丧失了性命，数千万人陷入苦海。意图能够创造出明确的、无可避免的结果。意图与其结果两者永远是不可分的。

五官人会说："我们可以通过他们的行动来认识他们。"

多官人则知道："我们可以通过他们的意图来认识他们。"我们所有人都能从一棵树的果实辨认出树的种类。只有橘子树能结出橘子的果，只有杏子树能结出杏子的果。只有想要创造和谐、合作、分享与对生命怀抱敬意的意图，才能创造出相同的果实。只有想要追求外在力量的意图，才能创造出暴力与破坏。换句话说，从一个多官人的观点而言，分享这件事涉及的远远不只是概念、画面或音乐而已。你所分享的和你所过的生活是一样的。"我所做的，"甘地如是说，"就是我的宗教。"我们从甘地创造的果实而认识了他的意图——将整个次大陆从一个野蛮的殖民占领国手中获得非暴力的解放、以身作则活出爱的力量、亲身证明爱的影响力、在死亡的那一刻宣扬爱等。

甘地传递出的这份信息就是爱，意图也是爱，而这个爱的结果在出现的规模与形式上，让这个世界大感意外。最后，在运输船上准备离开的英军，也为在码头上欢呼的印度人欢呼。这种事怎么会发生呢？有什么来自布道坛上的慈悲信息能创造出这样的结果？有什么虔诚教徒所宣称的智慧能创造出这样的结果？

在这个进化形态重叠的时代，一种是陈旧与制造反效果的（追求外在力量），另一种是逐渐兴起与必要的（真实力量）形态。意图与经验之间可经证实的关系，正在取代信息与经验之间的虚妄关系。除非出于爱的动机，否则没有一个爱的信息能创造出爱的经验。它或许可以创造激动的情绪、自认理所应当、自觉正义凛然的心态，以及一种优越感，但是它无法创造爱的经验——唯有爱的意图才能办到。随着我们逐渐转变为多官人，意图与结果之间的关联也变得益加清晰，无论信息是什么都已无所谓。举例而言，一个爱你的邻居的意图，怎可能在北爱尔兰创造出新教徒与天主教徒之间的残酷冲突呢？而仇视你的邻居的意图，又如何能避免这种结果呢？

当前的世界是在一个支点上转动，而那个支点就是你。你会选择通过爱与信任来学习智慧，还是通过恐惧与怀疑？当你人格里的某个恐惧面向受到了激发，你会挑战它还是纵容它？深不见底的无望感、无助感与无力感，是地球学校里最令人痛苦的经验，而这每一种经验，都能让你将注意力投入你人格里的某种恐惧之中，你是否有勇气去体验它、挑战它并且疗愈它呢？或者，你会用暴怒、暴食、评断自己或他人、酒精、性、药物、包袱、工作狂等来掩饰这种痛苦？你的选择看似有无限多，但其实只有两种：爱与恐惧。

那个为他人选择、劝诫他人、说服他人、要他人改变信仰的时代，已经被一个新时代取代了。在这个新时代里，那些同样的行为将带来强烈的反效果。它们会在你背后放火，弄巧成拙。新时代需要你在内在区分爱与恐惧的不同，为你自己在这两者之间做出选择，并且为你的选择所制造的结果负起责任。那个告诉别人什么对他们最好、纠正他们并让他们成为最好的时代，已然结束了。一个遵从自己的直觉、允许他人也遵从他们直觉的时代，已经来临。那种神圣的义愤填膺、正当化的狂怒、自觉理所应当、不管他人处于何种过程的时代，已经远去了。倾听他人的声音、带着灵魂的意图来创造的时代，已然来临，而且这是最富有挑战的。

当他人的意图与你的意念有所冲突时，你要如何尊重他人的意图呢？针对慈悲与智慧的理解而进行的竞争对抗，怎能在人类大家庭里同时存在，而又不撕裂这个家庭呢？

多官人将恐惧视为冲突的来源，而不是互相竞争的理解和行为（包括令人憎恶的恶行）。以恐惧对抗恐惧是徒劳无益的，这对他们来说是再清楚不过的事，那只会为世界增添恐惧，而不是消除恐惧。它喂养着冲突，如同将薪柴丢进烈火堆中。自认正义凛然、暴怒、报复，以及其他包括个人之间、文化之间、宗教之间与国家之间等各种形式的战火，都是从无力感之苦遁逃而投入外在力量的追求，进而无意识地创造出毫无慈悲与智慧的地狱之境。多官人将他人视为其恐惧偶尔会受到激发的"灵魂同胞"，视为有着和他们一样困难、复杂、痛苦生活的地球学校同学，视为和他们一样正在学习如何以慈悲和智慧来创造的人。

一个绝对的真理对每个人而言都是真实的，例如，"因果的宇宙法则"就是个绝对真理。如果你靠着刀剑过活，也将会死于刀剑之下；如果你以慈爱待人，他人也会以仁慈待你。即便你不喜欢这些表达绝对真理的用语，例如恕道（黄金定律），或者你不同意这些绝对真理所说的，然而，每一个绝对真理都有一个核心部分是人人都能认同的。最低限度是，一个绝对真理不会有任何害处。

一个相对真理对你而言是真实的，但是对别人而言可能不然。有许多叙述，事实上都是相对真理。"生命是不堪的、野蛮的、短暂的"（17世纪的英国政治哲学家托马斯·霍布斯所说），"我思，故我在"（法国哲学家笛卡儿所言），以及其他无数哲学性、神学性、情感上、心理上的真理都是相对的，它们对某些人来说是正确无误的，对其他人来说却可能是骗人的、虚幻的或是异端邪说。相对真理定义何谓虔诚、何谓亵渎的方式，正如习俗定义何谓良好举措与不良举止。但是一个相对真理和良好举措之间有很大的差别。违反良好举措并不是什么会造成致命后果的事，但是数百万人却因为不同意他人的相对真理而惨遭杀害。

人们带着评断、愤怒、退缩、嫉妒等情绪与残暴的武力，将相对真理强加于彼此身上。例如，"西班牙宗教法庭"①对非天主教徒的迫害（将他们折磨至死），以及纳粹德国对六百万犹太人以及数百万非雅利安人（non-Aryans）无情而有系统的大屠杀。宣称一个相对真理为绝对真理，是一种追求外在力量的行为。每一种宗教都会这么做，每一次的杀人和种族灭绝行为都肇因于此。所有的暴力皆由此而来。只有你能阻止它，而且只能在你的内在这么做。只有你，能挑战并疗愈自身人格里追求外在力量的恐惧；也只有你，能培养慈爱——唯有你，能在自己内在创造出你渴望看见的世界。

"灵性伴侣关系指南"能告诉你怎么做。它们能循序渐进地一步一步引导你，从失去力量蜕变为获得力量，从一个充满恐惧与痛苦的生命蜕变为一个充满爱与喜悦的生命。这份指南能预防你将自己的恐惧强加于他人身上，并且帮助你在他人将恐惧强加于你时，认出这一点。它们能帮助你改变观点，从恐惧的转变为慈爱的，并且做出有意识的建设性创造。遵循这份指南，能确保你尊重他人的了解，无论你是否同意他们的看法；而且当你不同意时，能防止你受到恐惧的毒害。

"灵性伴侣关系指南"释放了你，限制了你的恐惧（你人格里的恐惧部分）与他人的恐惧（他人人格里的恐惧部分），并且告诉你如何带着一颗力量饱满的心度过一生，而不执着于结果。这份指南能让你在每一种情况下都尽力做到最好。

随着你将自己从人格里的恐惧释放出来，你变得能够创造和谐、合作、分享并对生命怀抱敬意。因为不管他人如何选择，你都选择这么做。因为你决定要为生命做出贡献，而非剥削生命。因为你想要谦逊、宽恕、清明与真实力量的爱，更甚于恐惧与渴求那无止境循环的云霄飞车之旅。因为你给予自己的礼物，同时也是你给予他人的赠礼。

这是个蜕变的时刻，是个灵性成长在你生命中爆发的时刻，它将毁去你的旧有目标与达成它的旧式方式，然后以令人雀跃的、带有疗愈效果的、令人心满意足的潜在真实力量取而代之。你越是能够创造真实力量，就越能够创造出发展灵性伴侣关系的潜能。你能够共同创造的灵性伴侣关系并无数量上的限制，因为潜在的灵性伴侣亦无数量上的局限。我的梦想是为了灵性成长而在平等伙伴之间建立的伴侣关系。你的梦想是什么呢？

灵性伴侣关系的影响力极其深远，其潜能浩瀚无边。如果你想要在生命中拥有一段具实质性的、深刻的、有意义的关系，那么，你已经感受到这份潜力了。如果你对带着慈悲与智慧来过日子感到兴奋，而非一味地想着捍卫自己对慈悲与智慧的理解，那么，你已经感受到这份潜力了。如果你的心灵正在对你自己和他人敞开，或是你认为它可能可以如此，那么，你也已经感受到这份潜力了。

一道新的光芒出现在夜空。

———————

① 中世纪天主教审判异端的机制。

作者简介:

[美]盖瑞·祖卡夫

　　毕业于美国哈佛大学,畅销书作家。他是著名的奥普拉秀的常客,著有多本畅销书,其中《与物理大师共舞:新物理学概况》获得了美国科学书籍奖,其作品销量高达五百多万册,并被译成24种语言。

图书在版编目（CIP）数据

伴侣关系 / (美) 盖瑞·祖卡夫著；蔡孟璇译 .
-- 北京：中国青年出版社，2020.6（2023.1 重印）
书名原文：Spiritual Partnership
ISBN：978-7-5153-6091-1

Ⅰ . ①伴… Ⅱ . ①盖… ②蔡… Ⅲ . ①关系心理学—研究 Ⅳ . ① B84-69

中国版本图书馆 CIP 数据核字（2020）第 114881 号

著作权合同登记号：01-2021-0155
Spiritual Partnership：The Journey to Authentic Power
All Rights Reserved.

本书中文译稿由 橡实文化·大雁文化事业股份有限公司 授权使用
中文简体字版权 © 北京中青心文化传媒有限公司

伴侣关系

作　　者：〔美〕盖瑞·祖卡夫
译　　者：蔡孟璇
插画作者：stano
责任编辑：吕娜
书籍设计：瞿中华
出版发行：中国青年出版社
社　　址：北京市东城区东四十二条 21 号
网　　址：www.cyp.com.cn
经　　销：新华书店
印　　刷：三河市万龙印务有限公司
规　　格：787×1092mm 1/32
印　　张：11.75
字　　数：250 千字
版　　次：2020 年 9 月北京第 1 版
印　　次：2023 年 1 月河北第 2 次印刷
定　　价：79.00 元
如有印装质量问题，请凭购书发票与质检部联系调换
联系电话：010-65050585